图解果树、花木
病虫害诊断与防治

[日] 草间祐辅 著　　赵长民 译

（山东省昌乐县农业农村局）

机械工业出版社
CHINA MACHINE PRESS

前　言

在培育植物时，每年发生的病虫害无论是谁都会感觉很头痛。在高温、高湿的日本，发生的病虫害种类多且严重，在不知不觉中就受害的情况时常发生。

在看本书的读者朋友，都是抱着这样的想法吧：宝贵的植物发生异常的原因是什么？怎样预防和治疗？

本书对经常出现的果树和花木的受害症状用丰富的图片进行了介绍，著者想尽一切办法努力做到即使不知道病虫害的人，也能容易地确定其发生原因。另外，对防治技巧，如为预防所采取的措施，以及一旦发生时关于药剂的使用等病虫害综合防治对策进行了介绍。

作为总结的第4部分，对主要病虫害的发生规律进行了介绍，有助于大家对各症例的理解，同时对药剂使用前的防治方法、药剂的选择方法与使用方法，以及近年来在果树、花木培育过程中形成的相对固定的用药方法进行了讲解，并以蔷薇为例进行了介绍。

对于病虫害，及早发现、及早采取措施是很关键的。提前了解经常发生的病虫害的危害症状与发生时期，才能尽早发现并及早处理。

大家选择本书来查找、确定果树、花木发生病虫害的原因，并且能灵活利用防治方法，著者将感到非常高兴。

草间祐辅

目　录

本书的使用方法

树木的名称。分为庭院树、木本花卉、果树、蔷薇、铁线莲，按照其类别，将病虫害问题多、易发生的症状进行介绍

常见症状的特点

小叶黄杨

黄杨科·常绿灌木

症状
新叶被取食为害，并且被丝黏合

为害部位（叶片）

叶片和小枝被像丝一样的东西黏合。

症状易出现的部位

对造成生长异常原因的病虫害特点、促使其发生的环境条件等进行了介绍

根据症状考虑的原因（病害、害虫）

原因
黄杨绢野螟

卷叶蛾的一种，是食害性害虫，1果（玄页）

为害叶片的幼虫。

属于卷叶蛾类螟蛾科的食害性害虫，在日本全国都有分布，4~8月在矮树篱笆等植物为害明显。该虫在日本1年发生3代，用丝把叶片和小枝黏合做成巢，把巢打开，可见里面有体侧面上呈带状黑色条纹的黄绿色毛虫。长大的幼虫体长可达35毫米左右，取食量很大，如果放任不管，整个植株的叶片可被吃光。矮树篱笆等被为害，受害部分枯死变为灰白色，所以呈现发白的样子。

发生时期。色深的部分，为症状明显的时期。由于地域和年份不同也有差异

原因的种类。病害是由真菌、病毒、细菌等引起的，害虫有吸食植物汁液的、食害性的、寄生于根部的等

防治技巧 >>
一旦发现叶片和小枝呈白色枯死和有被丝黏合的部分，就把巢中的幼虫消灭，因其行动迅速，所以不要让它逃掉了。
在4~5月的幼虫发生初期喷洒拜尼卡水溶剂（成分：噻虫胺）或拜尼卡5乳剂，对整个植株进行细致地喷洒。

受害而变白的篱笆墙。

4月中旬就喷洒药剂
如果每年都有该虫害发生，就及早喷洒药剂。一般幼虫在3月中旬开始发生，4月中旬就进入为害初盛期。

30

分为不使用药剂的防治方法和使用药剂的防治方法。介绍的药剂是普通药剂（不是高毒和剧毒的药剂）

对管理、防治的技巧和病虫害的基础知识等进行了介绍

第4部分（从第151页开始）归纳总结了主要病虫害的发生机理、防治方法及药剂使用方法。

※ 本书只要没有特别注明地域，就是以日本关东地区为基准（气候类似中国长江流域）。病虫害的发生时期和防治管理的适期，根据地域不同而有差异。
※ 本书中记载的商品和登记的资料更新于2019年1月。
※ 本书中有些药剂的适用情况等可能发生变动，最新资料请在日本独立行政法人农林水产消费安全技术中心（FAMIC）网站（http://www.famic.go.jp/）中检索。适用于中国的情况，请在中国农药信息网中查询。
※ 关于药剂，一定要按照商品的标签或说明书进行正确地使用。
※ 喷洒药剂时一定要选择无风的天气，并和近邻沟通好之后再进行。

第 1 部分 ☽

庭院树、木本花卉

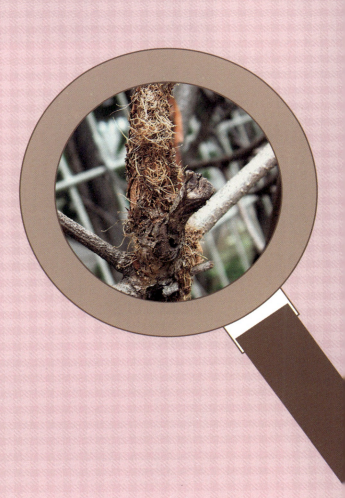

松树

松科・常绿乔木

叶片变成红褐色，树体衰弱

为害部位（叶片、嫩枝）

松枝叶片干枯的症状

可受到致命的为害（供图：木村裕）。

原因

松天牛

害虫

甲虫的一种，是食害性害虫 → 第 162 页

正在啃食嫩枝的成虫，体长 18~27 毫米，体色为红褐色或黑褐色，触角长。

在长势衰弱的松树上产卵，在树中羽化的成虫体内寄宿着松木线虫（体长 0.6~1 毫米）。成虫为害松树的嫩枝时，从气门中出来的线虫就从伤口侵入松树的枝干内进行繁殖。受害的松树吸收水分的能力降低，叶片变成红褐色，到秋天时就枯死了。

防治技巧 >>

因为松天牛在不出松脂、长势衰弱的松树上产卵，所以要加强栽培管理，培育健壮树体。据研究，1 头成虫体内最多可寄宿 29 万头线虫，所以只要发现成虫，就立即捕杀。

在成虫发生的 5~8 月，把拜尼卡松护（成分：噻虫胺）稀释 60 倍，以 1~3 年生嫩枝的顶端为中心细致地喷洒几次。喷洒药剂时，一直喷到药液从叶尖开始向下滴时为宜。由于这种药含有内吸性的杀虫成分，喷洒 1 次，防治效果可持续 2 个月。

发生时期

月
1
2
3
4
5
6
7
8
9
10
11
12

在成虫发生时期喷洒药剂数次

松树

松科·常绿乔木

症状 2

出现白色块状物和黑色煤灰样物

为害部位（树干、枝、叶基部）

为害进一步发展时，排泄物（蜜露）会诱发煤污病。

原因

日本松干蚧

移动性介壳虫，是吸食植物汁液的害虫
↓ 第163页

害虫

褐色的雌成虫将卵产于白色的卵囊中，2~3周孵化后就开始吸食汁液。可看到叶面变粗糙、枝扭曲下垂、落叶、发生煤污病等症状。

防治技巧 >>

以棉状的卵囊为线索，将受害的枝和叶片剪掉。用对夏天的幼虫、成虫，以及越冬成虫有效的介壳虫喷雾剂（成分：噻虫胺·甲氰菊酯），以发生部位为中心进行喷洒。

发生时期
| 1 |
| 2 |
| 3 |
| 4 幼虫发生期 |
| 5 |
| 6 |
| 7 |
| 8 |
| 9 |
| 10 幼虫发生期 |
| 11 |
| 12 |

症状 3

叶片变成褐色并脱落

为害部位（叶片）

发病的叶片从黄色变成褐色（供图：木村裕）。

原因

松落针病

由真菌引起的传染性病害

病害

不仅幼树发生，生长中的松树也发生。7月前后叶片被病原菌侵染，针叶上出现黄褐色的小斑点。不久叶片全部变成黄褐色，这种状态越过冬天到第二年的春天，然后出现落叶。在掉落的病叶上产生的孢子随风扩散进行传染，发病严重的枝就干枯了。

防治技巧 >>

清除病叶和落叶，消除传染源。进行修剪，以改善通风透光和日照条件；进行适当追肥，加强栽培管理，培育健壮的树势。7~9月喷洒数次剞挞得可湿性粉剂（成分：有机铜）进行预防。

发生时期
| 1 |
| 2 |
| 3 |
| 4 |
| 5 |
| 6 |
| 7 喷洒药剂 |
| 8 |
| 9 |
| 10 |
| 11 |
| 12 |

症状 4 在叶片或树皮的裂缝处有毛虫

为害部位（叶片）

注意毒毛

附着在叶片上的黑色颗粒是卵块。

原因

赤松毛虫

毛虫类，蛾的一种，
是食害性害虫
→第161页

害虫

赤松毛虫是松树的主要害虫，也叫松毛虫。该虫取食为害落叶松或雪松等松树类的叶片，大量发生时可将树叶吃光。幼虫在树皮的裂缝处或落叶下等处越冬，在3月中旬~6月进行取食为害。6~8月变成成虫的蛾在叶尖处可产数百粒卵，孵化的幼虫又进行为害。

防治技巧 >>

发现幼虫或茧就立即捕杀。冬天时将植株基部的落叶清理干净。在树干上缠上草席也有效。在幼虫发生初期对整棵树喷洒拜尼卡S乳剂（成分：氯菊酯）或拜尼卡J喷雾剂（成分：噻虫胺·甲氰菊酯）。

发生时期

1	
2	
3	
4	在幼虫发生初期喷洒药剂
5	
6	
7	
8	
9	
10	
11	
12	

以前就实行的措施——在树干上缠草席

在树干上缠草席，是指在松树类的树干上缠上草席，将下树寻求越冬场所的赤松毛虫等幼虫收集起来进行消灭的传统防治手段之一。即使是在用药剂防治很先进的现在也还在用着，是冬天庭院或公园里一道靓丽的风景。

幼虫进入越冬的10月上旬前就全部缠上，日本关东地区在2月（西日本是在2月上旬）时摘下来，将树皮裂缝中或钻入草席内的幼虫捕杀。但是如果看到有蜘蛛或天敌等，要注意不能将天敌一块处理了。

在树干离地面1米左右的位置缠上草席，就像捆扎了围腰一样可爱。

金桂

木樨科 · 常绿小乔木

症状 叶片被黏合起来，内有绿色的虫子

为害部位（叶片、嫩枝）

在丝网黏合的叶片中取食为害的虫子。

原因

卷叶蛾类

蛾的一类，是食害性害虫 → 第164页

害虫

1年发生数代的害虫，幼虫从口中吐丝将叶片黏合起来，藏在其中取食为害叶片。春天将新梢卷起来，夏天时将叶片卷起来。长大的幼虫体长可达20毫米左右，其取食量很大，如果放任不管，叶片会被吃得破烂不堪。老熟幼虫在卷起的叶片中化蛹，之后出现的成虫在叶片背面产卵，孵化的幼虫又吐丝将叶片黏合起来，取食为害叶片。

黏合丝网中的粪便。

防治技巧 >>

一旦发现用丝网黏合的叶片，就扒开将其中的幼虫消灭，或者连叶片一块儿弄碎。因为幼虫行动敏捷，所以要迅速捕捉不要让其逃掉。

在虫害发生初期，因为幼虫潜藏在卷叶中，可喷洒艾绿士悬浮剂，卷叶中也要充分喷洒到。

柊树、光叶石楠、山茶、茶梅、石楠、杜鹃、日本毛女贞、冬青卫矛、厚皮香等庭院树类，梅子、蓝莓、柿子、柑橘类、猕猴桃、葡萄、苹果等果树类，蔷薇等木本花卉类都会发生。

发生时期

1
2
3
4
5
6
7
8
9
10
11
12

在虫害发生初期喷洒药剂

山茶、茶梅

山茶科·常绿乔木

叶片只剩下表皮，成为飞白状。

春天发生的第 1 代幼虫

在叶片背面群生的幼虫（5 月）。

叶片被取食为害后只剩下枝。

夏天发生的第 2 代幼虫

逐渐成长、继续为害叶片的幼虫（8 月）。

原因

茶黄毒蛾

毛虫类，蛾的一种，是食害性害虫
↓第 161 页

属于毒蛾科，是山茶和茶梅上的主要害虫，在日本从本州到九州各地都有分布，在山茶科的茶树上也有发生。如果皮肤接触到幼虫或成虫的毒刺，会感觉到剧烈的肿痛，作为毒毛虫非常有名。

该虫在日本 1 年发生 2 代，以上一年秋天产在叶片背面的卵进行越冬，4 月中旬 ~6 月为幼虫期，取食为害叶片。然后幼虫爬到地面，经过蛹阶段再变成成虫，成虫又产卵，7 月下旬再变成幼虫进行为害。长大的幼虫体长可达 25 毫米左右。取食量很大，发生量大的年份可将树叶吃光，导致树势严重衰弱而不开花。

该虫害发生的信号是叶色变为飞白状，这个症状在 4 月末、5 月初一般可见到。在这个时机进行有效防治，就可大大减轻当年的危害程度。

一般是老龄幼虫在叶片上整齐排列，群生。

防治技巧 >>

平时就要认真检查叶片是否变成飞白状。一旦发现幼虫就立即捕杀。在叶片背面的幼虫处于低龄阶段时，将有虫害的枝叶一块剪下来进行处理，效果很好。只是进行作业时，要注意不能接触到幼虫或附在植物上的脱离皮壳的毒毛。

若使用药剂，可在幼虫发生初期喷洒拜尼卡 J 喷雾剂、拜尼卡毛虫喷雾剂（成分：噻虫胺·甲氰菊酯）、拜尼卡 S 乳剂，也可将 GF 奥特兰液剂（成分：乙酰甲胺磷）用水稀释后浇灌树的基部。

因为第 1 代幼虫正值 4 月末、5 月初，所以在那时及时地发现叶片有无异常变化才是关键。若连叶片背面群生的低龄幼虫都用药剂消灭了，便可预防第 2 代幼虫的发生，解决当年的烦恼。

要注意虫的毒毛

茶黄毒蛾，皮肤接触到毒刺毛时会出现肿痛，作为毒毛虫是很有名的。幼虫经过反复蜕皮后长大，即使是接触到残留在叶片上的蜕皮壳或卵块上的毒刺毛，皮肤也会出现红肿。这种毒刺毛，有时会随风飞散，所以及早发现、尽快清除掉是很重要的。

幼虫的蜕皮壳。

叶片背面的卵块。

发生时期

1	在第 1 代幼虫发生初期喷洒药剂
2	
3	
4	
5	
6	
7	在第 2 代幼虫发生初期喷洒药剂
8	
9	
10	
11	
12	

症状 2　一部分叶色变成绿白色，像年糕一样鼓起来
为害部位（叶片）

和周边叶片的
差别一目了然

在一部分枝上出现绿白色的叶片。

原因

茶饼病

病害

由真菌引起的传染性病害→第158页

从新芽开始伸展的时候叶片就变成绿白色，膨胀的厚度是正常叶片的5~6倍，叶片有光泽。若为害进一步发展，叶片背面被白色的霉层覆盖，孢子随风飞散向周围传播蔓延。受害部分不久变为褐色而枯死。飞散的孢子在芽中以菌丝的状态越冬，第2年春天随着新芽的伸展也开始活动，再进行为害。春天雨多、阴天连续、日照不足时易发病，且每年反复发生，就会造成树势衰弱。

防治技巧>>

一旦发现叶片颜色和周围的不同时就要注意。受害的叶片，在背面的白色霉层产生以前就要剪掉并进行处理，不要传染周围的枝叶。为防止病原菌孢子传播蔓延，不要向叶片喷水；为避免枝叶过于繁茂，就要认真修剪，使通风透光变好。目前日本没有防治山茶、茶梅茶饼病的专用药剂。该病在茶树、杜鹃和石楠上也会发生。

病症如其名

发病症状就如其名字一样，受害的叶片像年糕一样膨胀起来。另外，在日照好的场所受害叶片会变成浅红色。

发生时期

| 1 |
| 2 |
| 3 |
| 4 |
| 5 |
| 6 |
| 7 |
| 8 |
| 9 |
| 10 |
| 11 |
| 12 |

像年糕一样膨胀的叶片。

山茶、茶梅

山茶科·常绿乔木

症状 3

叶片出现斑驳的斑点

为害部位（叶片）

易和有斑驳的叶片混淆

很多病叶呈现黄白色或斑驳的样子。

原因

斑驳叶病

由病毒引起的传染性病害，是花叶病毒病的一种

病害

叶片的一部分呈现花叶状的斑，有很多斑点，在黄白色叶片上残留着绿色的条状纹等，症状的表现形式各种各样。不是整株，多是在一部分枝叶上出现异常，若在花上发生，则花瓣呈现皱缩状。因为发病的植株全株带毒，所以如果采用扦插或嫁接育苗，可传染给小苗。虽然在全国各地都有发生，但是对植株生长发育没有大的影响。

叶片呈绿色条纹状。

防治技巧 >>

在买苗时要认真查看标签，只要不是有花斑的品种，就不要选择叶片斑驳的病株。如果进行扦插或嫁接，不要选用病株的枝条。若影响美观时，就把发病的枝叶一块剪掉。在日本没有专门预防与防治斑驳叶病的药剂。花叶病毒病在珊瑚木、绣球花、夹竹桃、南天竹、冬青卫矛上也会发生。

斑驳叶病和自然花斑品种的区分方法

斑驳叶病，有的认为是有漂亮斑纹的新品种，和自然有花斑品种的判别虽然稍有点儿难，但斑驳叶病的斑点轮廓不清晰且呈不规则表现；与此相对应的，自然有花斑的品种，随着肉的厚度不同，各个阶段绿色的深浅程度也有变化，从这一点上可进行区分。

发生时期

1
2
3
4
5
6
7
8
9
10
11
12

叶片附着黄褐色的
脏东西

为害部位（叶片）

原因

山茶片盾蚧

圆蚧类，固定附着在植物上吸食植物汁液的害虫 → 第163页

脏东西，实际上
是被蜡质物覆
盖的体长1.5~2
毫米的虫子（雌
成虫）。

发生时期

1	
2	
3	
4	
5	幼虫发生期
6	
7	幼虫发生期
8	
9	
10	
11	
12	

如果放任不管，其会寄生于整个叶片，使树势衰弱。在日本其幼虫1年发生2次，在雌成虫的贝壳中孵化后固定在叶片上吸食汁液。发生在日本关东地区以西地区，主要以成虫越冬。

防治技巧 >>

用毛刷刷掉叶片上的成虫，将受害叶片连枝一起剪掉。一旦发现，就用噻虫胺·甲氰菊酯（以成虫、幼虫为防治对象）、奥鲁巧乳剂（成分：乙酰甲胺磷·杀螟松，以幼虫为防治对象）进行喷雾治疗。

叶片上有蛇行进一样的
银白色线条和黑色颗粒

为害部位（叶片）

白色线条像
画在叶面上
的一样。

发生时期

1	
2	
3	
4	
5	
6	
7	
8	
9	
10	
11	
12	

原因

茶潜叶蝇

潜入叶片中的食害性害虫

体长1.5毫米左右的黑色茶潜叶蝇成虫把卵产于叶片中，孵化出乳白色的幼虫，在表皮下取食为害，使叶片受害部分出现白色的线条。故该虫通常被称为绘图虫。幼虫成熟后在线条的尖端变成黑褐色的蛹。

受害部分影响植物美观，但对生长发育没有太大的影响。

防治技巧 >>

把线条尖端部位的幼虫或蛹用手指捏死，或者把受害叶片摘除并处理。在日本没有防治该虫的专用药剂。虽然影响植物美观，但是对其生长发育影响不大。

山茶、茶梅

山茶科·常绿乔木

症状 6

叶片上有 10 毫米左右的斑点

为害部位（叶片）

斑点的边缘为褐色。

原因

炭疽病

↓ 第 157 页

由真菌引起的传染性病害

病害

日照不好、通风差、雨多、湿度大时易发生。病原菌在病斑中越冬，第 2 年春天随着雨水飞溅而传播蔓延。在叶片受日灼或有伤口的地方，易被病原菌侵染繁殖而发病。

防治技巧 >>

避免密植，通过改善日照和通风环境进行预防。把受害部分和落叶及早去除，要注意防止日灼、大风、害虫造成的危害。在发病初期喷洒苯菌灵可湿性粉剂。

发生时期

1 2 3 4 5 6 7 8 9 10 11 12

在发病初期喷洒药剂

寄生在枝上的成虫，体长约 6 毫米。

一被触碰，很快就逃跑了

在夏天看到的青白色扁平的虫子是什么呢?

> > > 碧蛾蜡蝉

一到盛夏，在植株的附近经常见到行动很快的青白色扁平的虫子，这是碧蛾蜡蝉，可吸食很多庭院树木的汁液。

1 年发生 1 代，在 5 月上旬 ~9 月下旬发生，吸食植物汁液本身不会产生很大的危害，但是幼虫分泌的絮状物质附着在枝上，极大地影响美观。一到晚夏，雌成虫就在细枯枝的表皮或枝中产卵，越冬的卵在第 2 年 5 月前后孵化出幼虫，再进行为害。

通风和日照差时易发生，所以在枝叶混杂拥挤时要及时进行修剪，一旦发现幼虫，就立即捕杀。该虫行动很迅速，应注意不要让其逃掉。在日本还没有防治碧蛾蜡蝉的专用药剂。

仔细看，里面有幼虫

附着在枝上的白色蜡质絮状物。

易发生的树种

珊瑚木、绣球花、光叶石楠、麻叶绣线菊、竹叶花椒、毛序石斑木、山茶类、冬青卫矛、珍珠绣线菊、柑橘类、蔷薇等

杜鹃

杜鹃花科·常绿灌木或乔木

叶色失绿变成飞白状

为害部位（叶片）

失绿变成飞白状的叶片。

原因

拟梨冠网蝽

网蝽类，在叶片背面吸食汁液的害虫

害虫

叶片背面的成虫和排泄物。

该虫在日本 1 年发生 3~5 代，是杜鹃的主要害虫，在日本全国都有分布。体长 3 毫米左右的成虫寄生在叶片背面吸食汁液，并留下零星的黑色排泄物。气候干燥时易发生，出梅后为害更加明显。成虫把卵产于叶片中，以后孵化出黑褐色、有刺状突起的幼虫，再寄生于叶片背面吸食汁液进行为害。以落叶下的卵或叶间的成虫越冬，第 2 年春天又开始为害。

防治技巧 >>

一旦发现叶片有白色小斑点或叶片背面有黑色排泄物，就立即把叶片背面的成虫或幼虫消灭。因为通风差时易发生，所以要适当进行修剪。冬天扫除落叶，消灭其越冬场所。

在虫害发生初期向叶片的正面、反面喷洒 GF 奥特兰液剂、拜尼卡水溶剂（成分：噻虫胺）、拜尼卡 × 精佳喷雾剂（成分：噻虫胺·甲氰菊酯·嘧菌胺）。也可把 GF 奥特兰液剂用水稀释后浇灌在植株基部。

网蝽类害虫，在马醉木、石楠杜鹃等杜鹃花科的木本花卉类和蔷薇科的木本花卉类上也会发生。

发生时期

1
2
3
4
5
6
7
8
9
10
11
12

在虫害发生初期喷洒药剂

杜鹃

杜鹃花科·常绿灌木或乔木

症状 2 叶片从边缘被取食为害，只剩下叶脉

为害部位（叶片）

可看到幼虫和黑色的粪便

被严重取食为害后的叶片。

原因

杜鹃叶蜂

蜂的一种，是食害性害虫

幼虫为浅黄绿色，有很多黑色小斑点。

成虫为黑色，有暗褐色的翅。

产进卵并且膨胀的叶缘。

寄生于杜鹃类上的蜂类幼虫，在日本1年发生3代。体长25毫米左右，发生量大时可把整个植株的叶片吃光。老熟后落到地面上，在土壤中化蛹，经过蛹阶段再变成成虫。成虫把尾部的产卵管插到叶缘处单粒分散产卵，叶缘变成褐色且像芝麻粒一样鼓起来。冬天以在土壤内茧中的幼虫越冬，第2年春天从蛹阶段又变成成虫，再在叶片上产卵，卵孵化为幼虫又进行为害。

防治技巧 >>

用筷子等夹住幼虫进行消灭。把群生的叶片连枝一起剪掉，效果更好。在幼虫发生初期，可喷洒 GF 奥特兰 C（成分：乙酰甲胺磷、杀螟松、嗪胺灵）。因为该虫不耐药，所以能简单地控制为害。

发生时期

| 1 | 2 | 3 | 4 | 5 | 6 | 7 | 8 | 9 | 10 | 11 | 12 |

在幼虫发生初期喷洒药剂

21

症状3 叶片有数个褐色的斑点　为害部位（叶片）

若为害进一步发展，叶色会变成黄色

有多个斑点的叶片。

原因

褐斑病

由真菌引起的传染性病害

病害

整体变黄的叶片。

褐斑病是杜鹃的主要病害，在受害的部分附有病原菌的孢子，随风飞散至周围传播蔓延。雨多湿度大时易发生，严重时几乎所有的叶片都被斑点覆盖。新叶在7月前后就开始出现斑点，到冬天时斑点的周围变成黄色，第2年春天时斑点仍为褐色，但叶片变黄，到5~6月就陆续地落叶，光合作用降低，植株显著地衰弱。

防治技巧>>

平时就要进行适当修剪、整枝，改善日照和通风透光条件。从春天到秋天及时处理病叶和落叶，以切断传染源。病原菌在受害叶片上越冬，到了第2年春天就进行传播，所以在冬天时要摘除受害的叶片并进行处理。

在发病初期，向整个植株喷洒百菌清。

千重大紫要特别注意

开又大又鲜艳的紫色花的千重大紫，是杜鹃的代表性品种，尤其易发生。发病时，其开花也被严重影响。平时就要注意改善环境，尽量防止褐斑病的发生。

发生时期

| 1 |
| 2 |
| 3 |
| 4 |
| 5 |
| 6 |
| 7 |
| 8 |
| 9 |
| 10 |
| 11 |
| 12 |

在发病初期喷洒药剂

杜鹃

杜鹃花科·常绿灌木或乔木

症状 4

叶片上有白色霉层

为害部位（叶片）

在嫩叶上易发生

逐渐扩大成圆形，不久整个叶片被白色霉层覆盖。

原因

白粉病

→第153页

由真菌引起的传染性病害

雨少、持续阴天、较冷凉并且稍微干燥的环境易发病。在病叶上产生的孢子随风飞散而传播蔓延，以在叶片上的菌丝或孢子进行越冬，到第2年春天开始繁殖并进行传播蔓延。

防治技巧 >>

把受害的叶片和落叶清除掉。避免密植，及时修剪，改善通风透光环境。氮肥不能施得过多。在发病初期，可喷洒拜尼卡×精佳喷雾剂或灭螨猛可湿性粉剂（成分：喹喔啉系）。

发生时期

1	
2	
3	
4	
5	在发病初期喷洒药剂
6	
7	
8	
9	
10	
11	
12	

症状 5

嫩叶像年糕一样膨胀

为害部位（叶片）

左图为叶缘受害时会鼓起形如耳朵一样的东西，右图为被白色霉层覆盖的叶片。

原因

茶饼病

→第158页

由真菌引起的传染性病害

若为害进一步发展，叶片会被白色霉层覆盖，再变成黑褐色，然后干枯。雨多、连续阴天、日照不足时易发病，病原菌孢子随风雨传播蔓延。植株虽然没有枯死，但若反复发生，花芽就减少了。

防治技巧 >>

把受害叶片清理掉，以减少传染。适当修剪，改善日照环境。不要向叶片喷水。在发病初期，可喷洒巴它酷可湿性粉剂（成分：灭锈胺）或Z波尔多（成分：碱式氯化铜）。

发生时期

1	
2	
3	
4	
5	在发病初期喷洒药剂
6	
7	
8	
9	
10	
11	
12	

蔷薇科·常绿小乔木

叶片有圆形褐色的斑点
为害部位（叶片、枝）

叶片变红并脱落

叶片上出现很多斑点。

原因

芝麻斑病

由真菌引起的传染性病害

病害

斑点中央呈灰褐色。

芝麻斑病是光叶石楠的主要病害，在植株的一个生长周期内可造成多次侵染，特别是在新叶刚出齐的 5 月中旬以后发病更加明显。发病时叶片出现褐色斑点，枝上出现暗黑色的斑点，若为害进一步发展，就出现落叶，造成树势衰弱。在病斑上形成的孢子，随风雨飞散向周围传播蔓延。病原菌在病斑中越冬，第 2 年在新侵染的叶片上繁殖，陆续地向周围的新叶侵染。

防治技巧 >>

　一旦发现受害的叶片，就及时剪掉并进行处理。因为已发病的枝或叶如果放任不管就会成为传染源，所以要清理干净。

　在发病多的 5~9 月可喷洒拜尼卡 X 喷雾剂（成分：氯菊酯·腈菌唑）或苯菌灵可湿性粉剂，以防止蔓延。该病在同是蔷薇科的皱皮木瓜、日本木瓜、毛序石斑木、西洋山楂、海棠等树上也会发生。喷洒药剂时，先剪掉病枝、叶，然后对整个植株进行喷雾，要喷到药液开始从叶尖向下滴时为止。另外，若在入冬前喷几次药剂，可抑制第 2 年春天病害的发生。

发生时期

1
2
3
4
5
6
7
8
9
10
11
12

在发病初期喷洒药剂

光叶石楠

蔷薇科·常绿小乔木

症状 2

树干和枝上出现纤维状的木屑

为害部位（成虫：新梢；幼虫：树干）

木屑不向下落

被纤维状木屑覆盖的枝。

原因

梨眼天牛

甲虫的一种，是食害性害虫

害虫

在枝干中体长 25 毫米左右的幼虫。

　　黄白色圆筒形的幼虫，在枝干中像挖隧道一样边挖边为害，并排出纤维状木屑，木屑不会脱落而是附着在枝干上。发生量大时树就枯死了。

　　幼虫在枝干中生活 2 年，6 月上、中旬时经过蛹阶段，变成体长 10 毫米左右、有光泽的蓝色成虫。成虫啃食新梢和嫩枝，造成伤口，成熟之后就产卵，孵化的幼虫又在枝干中取食造成为害。

在叶片背面为害叶脉的成虫（供图：木村裕）。

防治技巧 >>

　　一旦发现成虫，就立即捕杀。因为受害枯死的树会成为害虫的栖息场所，故不能放任不管，要及早地处理掉。如果出现纤维状的木屑，就把枝干剪掉，连其中的幼虫一起处理掉，或者去除木屑后插入钢丝进行消灭。目前在日本还没有用于光叶石楠上防治梨眼天牛的专用药剂。该虫在海棠、梨、苹果、木瓜等树木上也会发生。

发生时期

1	（幼虫）周年发生
2	
3	
4	
5	
6	
7	（成虫）
8	
9	
10	
11	
12	

症状 3

在新芽和叶片背面群生小虫子

为害部位（新梢、叶片、枝）

在新芽的尖端或叶片背面吸食汁液。

原因

蚜虫类

群生，是吸食植物汁液的害虫。→第159页

害虫

繁殖旺盛，吸食植物的汁液，影响新芽的伸展、叶片的展开也变迟。生存密度大时就会出现有翅的成虫，移动到别的场所再进行繁殖为害。

防治技巧 >>

一旦发现蚜虫，就立即捏死。不要偏施氮肥。生存密度大时防治效果就变差，所以可在蚜虫发生初期对整个植株喷洒拜尼卡×精佳喷雾剂或拜尼卡拜吉夫路乳剂（成分：氯菊酯）。

发生时期

| 1 |
| 2 |
| 3 |
| 4 |
| 5 |
| 6 |
| 7 |
| 8 |
| 9 |
| 10 |
| 11 |
| 12 |

夏天高温期发生减少

在虫害发生初期喷洒药剂

症状 4

冬天时在树上挂着长40~50毫米的袋

为害部位（叶片）

冬天剪开挂在树上的袋，可见里面有正在越冬的幼虫。

原因

大袋蛾

蓑蛾的一种，是食害性害虫

害虫

该虫在日本1年发生1代，在本州以南地区都有分布。雄成虫是黑褐色的蛾，雌虫为蛆状在袋中度过一生并在袋中产卵，6月中旬~7月孵化出幼虫。幼虫爬出来做小的袋大量地为害叶片，晚秋时停止取食并在袋中越冬，到第2年春天时幼虫又继续取食为害。

防治技巧 >>

用剪刀把袋剪下来进行消灭。在幼虫孵化期，把群生幼虫的叶片连枝一块儿剪下来，或者喷几次丙氟磷乳剂。

发生时期

| 1 |
| 2 |
| 3 |
| 4 |
| 5 |
| 6 |
| 7 |
| 8 |
| 9 |
| 10 |
| 11 |
| 12 |

在幼虫孵化期进行捕杀，喷洒药剂

光叶石楠

蔷薇科·常绿小乔木

症状 5

在枝和叶片上有像贝壳一样的东西

为害部位（枝、叶片）

寄生在枝上的雌成虫。用〇标记的是幼虫。

原因

日本龟蜡蚧

介壳虫类，是吸食植物汁液的害虫 →第163页

害虫

有像龟的背甲一样的蜡质物覆盖的半球形雌成虫（体长4毫米左右）和呈星形的幼虫，都以吸食植物汁液进行为害。发生量大时会导致树势衰弱，其排泄物还会诱发煤污病。

→第163页

防治技巧>>

用刷子或竹刀等将其刮掉，或者连枝剪掉进行消灭。药剂防治时，可用对成虫、幼虫都有效的且在1年中都可使用的噻虫胺·甲氰菊酯，防治幼虫时可喷洒奥鲁巧乳剂。

发生时期

月	
1	
2	
3	
4	
5	
6	在幼虫发生初期喷洒药剂
7	
8	
9	
10	
11	
12	

症状 6

黄绿色的毛虫啃食叶片

为害部位（叶片）

要注意毒刺毛的毒

附着在樱花树上越冬的茧（→第60页，供图：木村裕）和幼虫。

→第60页

原因

刺蛾类

蛾的一类，是食害性害虫 →第161页

害虫

杂食性，广泛寄生于庭院树、果树等。幼虫为害叶片，导致叶片只剩下表皮而呈白色透明状。如果放任不管，有时整棵树的叶片都被吃光。该虫在长15毫米左右的像鹌鹑蛋一样的茧中越冬，第2年5月前后出现的成虫在叶片背面产卵，孵化的幼虫又进行为害。

→第161页

防治技巧>>

冬天用木槌等把茧敲碎。捕杀幼虫或者把群生着虫的叶片连枝一起剪掉进行处理。因为幼虫长大了药剂的防治效果就差了，所以要在虫害发生初期喷洒套阿涝可湿性粉剂（成分：BT菌产生的结晶毒素）。

发生时期

月	
1	把茧敲碎
2	
3	
4	
5	
6	在幼虫发生初期喷洒药剂
7	
8	
9	
10	
11	把茧敲碎
12	

症状 7 叶片弯曲，上面附着像面粉一样的东西

为害部位（新梢、叶片）

新梢的叶片弯曲并变白。

原因

白粉病

由真菌引起的传染性病害 → 第153页

可在很多植物上发生，若为害进一步扩展，整个植株会被白色覆盖，叶片皱缩、弯曲，生长发育受到抑制。初夏或初秋时节雨少、持续阴天、较冷凉且干燥的条件下易发病。枝叶过于繁茂，密植，日照和通风不好，易发病。病叶上形成的孢子，随风飞散向周围扩散蔓延。病原菌在受害的落叶上越冬，第2年春天又成为新的传染源。

防治技巧 >>

把受害部位和发病的落叶去除，以切断传染源。避免密植，适当修剪，改善日照和通风透光能力。氮肥不能施得过多，以免引起枝叶过于繁茂。随着为害的发展，药剂的防治效果也变差，所以在白色霉层刚刚出现的发病初期，对整个植株喷洒拜尼卡×精佳喷雾剂或灭螨猛可湿性粉剂。该病在绣球花、槭树类、芍药、东亚唐棣、黄栌、蔷薇等植物上也会发生。

奇怪的病害——白粉病

一般的病害是在高湿条件下易发生，但是白粉病病叶上的孢子萌发和菌丝伸展需要干燥的条件，所以该病是在较干燥的气候条件下易发生。

发生时期

| 1 |
| 2 |
| 3 |
| 4 |
| 5 |
| 6 |
| 7 |
| 8 |
| 9 |
| 10 |
| 11 |
| 12 |

在发病初期喷洒药剂

在篱笆树上发生的样子。

钝齿冬青

冬青科·常绿乔木

症状 1

叶片呈现飞白状

为害部位（叶片）

叶片背面也要检查

叶片失绿，背面有红色的小虫子。

原因

叶螨类

蜘蛛的一类，是吸食植物汁液的害虫

害虫

在叶片背面有红色的小虫子，在高温干旱条件下易繁殖。如果放任不管，植株的生长发育会受到抑制。有时在受害部位形成类似蜘蛛编织的网，影响美观。该虫会随风飘移扩散，以成虫越冬。

防治技巧 >>

避免密植，向叶片背面喷水进行预防。夏天时对整个植株用液体烟雾进行喷水，在植株基部铺设稻草等防止干旱。在虫害发生初期喷洒乙螨唑悬浮剂，以叶片背面为主对整个植株进行喷洒，周边的植物也要喷洒到。

发生时期

1 2 3 4 5 6 7 8 9 10 11 12

在虫害发生初期喷洒药剂

症状 2

叶色失绿呈飞白状

为害部位（新芽、新叶）

体长1毫米左右的小虫子

叶色失绿变白，在叶片背面有细长的黑色或浅黄白色的小虫子。

原因

蓟马类

吸食植物汁液的害虫

害虫

该虫在日本1年发生10代左右，以成虫和幼虫吸食叶片汁液进行为害，使庭院树和果树变衰弱。发生量大时叶片向内侧卷曲，可看到整个植株的叶片变白。成虫把卵产于叶片内，孵化的幼虫在1周左右就成熟落到地面，在地表面或浅土层中化蛹，以后由蛹变为成虫又反复进行为害。

防治技巧 >>

摘除变成飞白状的叶片，把周围清扫干净。在虫害发生初期对整个植株喷洒奥特兰可湿性粉剂（成分：乙酰甲胺磷），叶片背面也要喷洒到。发生量大时每隔7~10天喷1次，连续喷数次。

发生时期

1 2 3 4 5 6 7 8 9 10 11 12

在虫害发生初期喷洒药剂

小叶黄杨

黄杨科·常绿灌木

症状　新叶被取食为害，并且被丝黏合

为害部位（叶片）

叶片和小枝被像丝一样的东西黏合。

原因

黄杨绢野螟

卷叶蛾的一种，是食害性害虫 → 第 164 页

为害叶片的幼虫。

属于卷叶蛾类螟蛾科的食害性害虫，在日本全国都有分布，4~8 月在矮树篱笆等植物为害明显。该虫在日本 1 年发生 3 代，用丝把叶片和小枝黏合做成巢，把巢打开，可见里面有体侧面上呈带状黑色条纹的黄绿色毛虫。长大的幼虫体长可达 35 毫米左右，取食量很大，如果放任不管，整个植株的叶片可被吃光。矮树篱笆等被为害，受害部分枯死变为灰白色，所以呈现发白的样子。

防治技巧 >>

一旦发现叶片和小枝呈白色枯死和有被丝黏合的部分，就把巢中的幼虫消灭。因其行动迅速，所以不要让它逃掉了。

受害而变白的篱笆墙。

在 4~5 月的幼虫发生初期喷洒拜尼卡水溶剂（成分：噻虫胺）或拜尼卡 S 乳剂，对整个植株进行细致地喷洒。

4 月中旬就喷洒药剂

如果每年都有该虫害发生，就及早喷洒药剂。一般幼虫在 3 月中旬开始发生，4 月中旬就进入为害初盛期。

发生时期	
1	
2	
3	在虫害发生初期喷洒药剂
4	
5	
6	
7	
8	
9	
10	
11	
12	

厚皮香

山茶科·常绿乔木

症状 新芽和叶片被黏合变成茶褐色

为害部位（新芽、叶片）

被黏合起来取食而受害的变色的叶片。里面有幼虫或蛹。

原因

厚皮香卷叶蛾

卷叶蛾的一种，是食害性害虫 → 第164页

害虫

受害叶片中的幼虫，长大后体长可达15毫米左右。

寄生于厚皮香的有代表性的卷叶虫，红褐色的幼虫用丝把叶片黏合后，在其中取食为害。该虫在日本1年发生3~4代，特别是6~7月为害显著。发生量大时，大部分的新芽变色干枯，不仅影响生长发育，也极大地影响美观。

幼虫在受害叶片中化蛹，羽化的成虫在叶片上产卵，孵化的幼虫又开始取食为害叶片。秋天时以老熟的幼虫化蛹越冬。

为害进一步发展时，很多叶片干枯的样子。

防治技巧 >>

剪下被黏合的受害叶片，连幼虫一起处理掉。从春天到秋天虽然连续发生，但是羽化后的受害叶片中已无幼虫或蛹，所以及早地处理是防治该虫的关键。冬天时摘掉受害叶片，就可除掉越冬中的蛹。目前在日本用于防治厚皮香卷叶蛾的专用普通药剂没有（噁唑磷乳剂已登记，但属高毒药剂）。

发生时期 1 2 3 4 5 6 7 8 9 10 11 12　为害多发期

31

卫矛科·常绿灌木

很多叶片上都出现白色粉状的霉层。

原因

白粉病

由真菌引起的传染性病害 → 第 153 页

发病初期出现的薄薄的圆形霉斑。

该病会在很多庭院树上发生。若为害进一步发展，植株被白色霉层覆盖，光合作用会受到抑制，生长发育也受到影响。初夏或初秋雨少、持续阴天、较冷凉、气候干燥时易发病。夏天高温时很少发病。

若肥料施用过多，枝叶生长过于繁茂，密植，日照和通风不良时易发病。在受害叶片上形成的孢子，随风飞散向周围扩散蔓延。

防治技巧 >>

把受害的枝叶和落叶及早去除，以切断传染源。避免密植，适当修剪，改善日照和通风环境，氮素肥料施用过多时易发病，所以要注意。

若为害扩展开了，药剂的防治效果就差了，所以要在薄薄的霉层刚出现的发病初期，对整个植株细致地喷洒拜尼卡×精佳喷雾剂或灭螨猛可湿性粉剂。该病在绣球花、大花四照花、青冈栎、槭树类、金丝梅、紫薇、绣线菊、东亚唐棣、黄栌、蔷薇、珍珠绣线菊、丁香等植物上也会发生。

发生时期

1
2
3
4
5
6
7
8
9
10
11
12

在发病初期喷洒药剂

冬青卫矛

卫矛科·常绿灌木

症状 **2**

新梢的尖端变成茶色枯死

为害部位（叶片）

在叶片背面寄生的幼虫和被取食为害变成褐色枯死的叶片。

原因

大叶黄杨斑蛾

蛾的一种，是食害性害虫 →第 161 页

该虫是冬青卫矛的主要害虫。体侧面呈黑色线条，生有白色毛的幼虫在叶片背面群生，发生量大时可将树叶吃光。幼虫在卷曲的叶片中做白褐色的茧并在其中化蛹，10~11 月变成成虫在枝上产卵块并且以卵块越冬。

防治技巧 >>

冬天时把茧敲碎。捕杀幼虫或把群生幼虫的叶片连枝一起剪掉进行处理。在虫害发生初期，可喷洒 GF 奥特兰液剂。幼虫长大后再防治，效果就差了。

发生时期

| 1 |
| 2 |
| 3 |
| 4 |
| 5 |
| 6 |
| 7 |
| 8 |
| 9 |
| 10 |
| 11 |
| 12 |

在幼虫发生初期喷洒药剂

症状 **3**

叶片被取食为害，上面有黑色的虫子

为害部位（叶片）

体呈圆筒形，体色为黑色，有橙黄色的线和斑纹。

原因

卫矛尺蠖

尺蠖蛾科害虫，是食害性害虫

长大的幼虫体长可达 30 毫米左右，如果放任不管，整个植株的叶片可被吃光。白天时藏在叶片背面，夜间出来取食为害。

该虫在日本 1 年发生 2~3 代，在地表面或树冠内越冬的幼虫于 4 月前后开始取食为害，以后可发生世代重叠，夏天以后出现的幼虫就准备越冬。

防治技巧 >>

一旦发现叶片被取食为害，就找到幼虫进行消灭，或把群生幼虫的叶片连枝一起剪掉进行处理。把植株基部的落叶处理干净，消除其越冬场所。在虫害发生初期，对整个植株可喷洒拜尼卡 S 乳剂。

发生时期

| 1 |
| 2 |
| 3 |
| 4 |
| 5 |
| 6 |
| 7 |
| 8 |
| 9 |
| 10 |
| 11 |
| 12 |

在幼虫发生初期喷洒药剂

33

柊树

木樨科·常绿小乔木

害虫 → 第163页

症状 1

枝上附着颜色如同赤小豆、似贝壳一样的东西

为害部位（叶片、枝）

附着在枝上吸食汁液的雌成虫。

原因

红蜡蚧

附着性的介壳虫，群生，是吸食植物汁液的害虫

害虫的排泄物诱发煤污病的样子。

颜色如同赤小豆、似贝壳状、被较硬的蜡质物覆盖的雌成虫吸食植物汁液，影响植物生长发育。发生量大时导致树势衰弱，其排泄物还会诱发煤污病。

幼虫于6月下旬~7月上旬时在雌成虫的贝壳中孵化后爬出，在新梢或新叶上附着并吸食汁液。附着后其足就退化，一生在一个地方过。该虫在日本1年发生1代，当年的幼虫于9~10月变成成虫并越冬。

防治技巧 >>

平时就要认真观察枝条，一旦发现就用刷子等刷掉。若枝叶过于繁茂，就适当修剪，改善通风环境。

在幼虫发生期的6月下旬~7月上旬喷洒奥鲁巧乳剂或噻虫胺·甲氰菊酯，以发生部位为中心进行喷洒。噻虫胺·甲氰菊酯可渗透到壳层内，能有效地消灭越冬成虫。另外，药剂的有效成分能渗透到枝内，杀虫效果可持续1个月，所以喷洒后也能杀灭孵化的幼虫。

噻虫胺·甲氰菊酯对越冬成虫和夏天的成虫也有好的防治效果。该虫在冬青卫矛、山茶、月桂树、栀子、柿子、柑橘类、梨等树上也会发生。

发生时期

月
1
2
3
4
5
6
7
8
9
10
11
12

在幼虫发生初期喷洒药剂

柊树

木樨科·常绿小乔木

症状 2

叶片下垂，叶色变成白色或褐色

为害部位（叶片）

受害部分变成白色的叶片和正在取食为害的幼虫。

原因

小褐伪瓢叶蚤

叶甲科害虫，是食害性害虫

5月上旬孵化的幼虫潜入叶片中进行为害，受害部分变成白色或褐色。与瓢虫相似的成虫也为害叶片背面，但是程度较轻。成虫在落叶下等处越冬，第2年春天在新叶上产卵，孵化的幼虫又开始为害。

防治技巧 >>

把叶片中的幼虫捏死或者连叶片一起处理掉。一旦发现成虫，就立即捕杀。成虫行动敏捷，摇晃树或用手触碰成虫时，会很快逃掉，所以要迅速捕捉，不要让其逃掉。目前在日本还没有用于防治该虫的专用药剂。

症状 3

叶片被丝黏合起来，里面有虫子

为害部位（叶片）

被黏合的叶片，内有头足为黑色、体呈浅灰绿色的幼虫。

原因

卷叶蛾类

卷叶蛾的一类，是食害性害虫 → 第164页

1年发生多代，幼虫会吐丝，春天把新梢黏合起来，夏天把叶片黏合起来，在里面取食为害。幼虫体长20毫米左右，如果放任不管，树叶会被吃光。

老熟幼虫在叶片中化蛹，成虫在叶片背面产卵，孵化的幼虫又开始为害。

防治技巧 >>

一旦发现用丝黏合的叶片就打开，将其中的幼虫消灭或连叶片一起弄碎。因为该虫行动敏捷，所以不要让其逃掉。

在虫害发生初期，喷洒艾绿士悬浮剂。

在虫害发生初期喷洒药剂

齿叶木樨

木樨科·常绿小乔木

有的叶片变成褐色，整体发白

为害部位（叶片）

叶片受害部分像被火烧了一样变成褐色的样子。

原因

小褐伪瓢叶蚤

叶甲科害虫，是食害性害虫

害虫

在叶片中取食为害的幼虫。

幼虫潜入叶片中取食为害，受害部分像被火烧了一样变成褐色，以后整个矮树篱笆看上去发白。受害叶片到第2年春天新叶发出之前仍保持此状，极大地影响美观。若不知道是由病害引起的还是害虫造成的，往往就错过了防治的时机。体色为黑色，上有2个红斑点，近似瓢虫的成虫也在叶片背面取食为害。

防治技巧>>

　　一旦发现有受害的地方，就把正在叶片内潜行取食为害的幼虫捏死，或者连叶片一起摘除并消灭；发现成虫也立即消灭。触碰树叶或虫子时，虫子会迅速逃掉，所以要注意。

　　在幼虫发生初期（4月下旬~5月上旬），喷洒内吸性的拜尼卡×精佳喷雾剂。

保持美观的矮树篱笆

　　近年来，矮树篱笆受害的情况越来越多，如果在4月下旬~5月上旬没有及时喷洒药剂，火烧状的状态会持续1年。在著者居住的小区中，由于物业公司制定了喷洒药剂的具体办法，漂亮的矮树篱笆便一直维持着。

发生时期

| 1 |
| 2 |
| 3 |
| 4 |
| 5 |
| 6 |
| 7 |
| 8 |
| 9 |
| 10 |
| 11 |
| 12 |

在幼虫发生初期喷洒药剂

青冈栎

壳斗科·常绿乔木

症状 1

新梢和叶片被白色粉状物质覆盖

为害部位（新梢、叶片）

为害进一步发展，整棵树全部被白色覆盖。

原因

白粉病

→ 第153页

由真菌引起的传染性病害

从初秋到第2年春天易发生。发病严重时新梢萎蔫枯死等，植物生长发育受到抑制。病原菌在病叶或落叶上越冬，以后又侵染新展开的叶片。

防治技巧 >>

避免密植，适当修剪，改善日照和通风环境。把病叶和落叶清除干净。氮肥不要施得过多，在发病初期喷洒拜尼卡×精佳喷雾剂或灭螨猛可湿性粉剂。

发生时期
1 2 3 4 5 6 7 8 9 10 11 12
在发病初期喷洒药剂

症状 2

叶片、茎被黑色的霉层覆盖

为害部位（叶片、茎、新芽）

光合作用被抑制，生长也受影响。

原因

煤污病

→ 第154页

由真菌引起的传染性病害

空气中的煤污病病原菌，以寄生在茎叶上的蚜虫、介壳虫等的排泄物作为营养进行繁殖。通风和日照差、空气不流通、湿度大时易发生，如果放任不管，叶片会被厚厚的煤烟状的膜覆盖，光合作用被抑制，生长发育也受到极大影响。

防治技巧 >>

目前在日本还没有用于防治煤污病的专用药剂。防治该病的重点是消灭害虫。防治蚜虫可喷洒拜尼卡×精佳喷雾剂或拜尼卡拜吉夫路乳剂，防治介壳虫可喷洒噻虫胺·甲氰菊酯。

发生时期
1 2 3 4 5 6 7 8 9 10 11 12
在诱发该病的虫害发生初期喷洒药剂

栀子

茜草科·常绿灌木

在枝上有长尾巴的浅绿色虫子
为害部位（叶片）

正在取食为害的幼虫，在绿叶中难以发现。

原因

大透翅天蛾
→第161页

蛾的一种，是为害叶片的食害性害虫

害虫

褐色的幼虫。

该虫是栀子的主要害虫，在日本1年发生2代，6~9月幼虫取食为害叶片。如果放任不管，叶片被吃光，树就枯死了。幼虫体色有两种，除绿色外，还有褐色。

幼虫在落叶间或土壤的浅土层化蛹，羽化的成虫（具有透明翅的蛾，很喜欢访花）在叶片背面产卵，孵化的幼虫又开始为害。第2代幼虫以蛹的状态越冬。

防治技巧 >>

浅绿色的幼虫，因为有保护色，所以难以发现，常常是受害后才发现。只要发现有受害的叶片，就认真观察枝叶，一旦找到幼虫就立即消灭。

在虫害发生初期，可喷洒GF奥特兰液剂或噻虫胺·甲氰菊酯。

因为幼虫多藏在叶片背面等看不到的地方，所以喷药时要对整棵树包括叶片背面进行细致地喷洒。

 有效的防治方法

我有一位朋友，每年都会彻底处理栀子上发生的重要害虫，嘴里说着"可恶的大透翅天蛾"，边说边拿着剪刀气愤地修剪，这确实是一种有效的防治方法，连虫子见了都害怕……

发生时期

1
2
3
4
5
6
7
8
9
10
11
12

在幼虫发生初期喷洒药剂

症状
2

枝叶上附着白色的像贝壳一样的东西

为害部位（枝、叶片）

在枝上密密麻麻寄生的成虫。

原因

日本龟蜡蚧

介壳虫类，是吸食植物汁液的害虫 → 第 163 页

害虫的排泄物诱发煤污病的样子。

该虫寄生于枝叶，以吸食植物汁液为食。幼虫期呈星形，长大后成为 4 毫米左右像龟的硬背甲状的成虫。发生量大时会导致树势衰弱，其排泄物还可诱发煤污病。

幼虫于 6 月中旬 ~7 月上旬在雌成虫的壳中孵化后爬出来，虫体被星形的蜡质物覆盖。9 月下旬前后成为半球形的成虫，并以成虫越冬。雄虫经过星形的幼虫期后变成蛹，秋天时羽化为成虫，交配后 2~3 天就结束其一生。

防治技巧 >>

在虫害发生初期用刷子刷掉或用竹刀刮掉，把受害的枝剪掉，并进行处理。购苗时，要仔细确认是否有白色的像贝壳一样的东西附着。

6 月中旬 ~7 月上旬以幼虫为防治对象，以发生部位为中心喷洒奥鲁巧乳剂或噻虫胺·甲氰菊酯。噻虫胺·甲氰菊酯的有效成分能渗透到贝壳中，有效地消灭成虫，该药剂在 1 年中都可用于成虫和幼虫的防治。另外，药剂的有效成分能渗透到枝内，杀虫效果可持续 1 个月（防治夏天孵化的红蜡蚧幼虫），所以以药剂喷洒后对再发生的幼虫也能有效地防治。

发生时期

1
2
3
4
5
6
7
8
9
10
11
12

在幼虫发生期喷洒药剂

症状
3

在叶片背面或新芽上有黑色
或黄绿色的虫子

为害部位（新芽、叶片、枝）

被吸食汁液后萎缩的叶片（左）和在叶片背面群生的样子（右）。

原因

蚜虫类

群生，是吸食植物汁液的害虫
→第159页

害虫

蚜虫类繁殖旺盛，以吸食植物汁液为食，影响植物生长发育。特别是春天会集中在新芽的尖端部为害。发生量大时新芽的伸展受影响，有的叶片弯曲并萎缩。

防治技巧>>

一旦发现就捏死。氮肥不能施得过多。在虫害发生初期喷洒拜尼卡 × 精佳喷雾剂或拜尼卡拜吉夫路乳剂。该虫生存密度大时，药剂的防治效果就降低。

发生时期
1
2
3
4
5
6
7
8
9
10
11
12

在虫害发生初期喷洒药剂

症状
4

花瓣上有茶色细长的斑点

为害部位（花瓣）

花瓣上成虫和幼虫群生为害的样子。

原因

蓟马类

吸食植物汁液的害虫

害虫

该虫在日本1年发生10代左右，体长1毫米左右的黑褐色或浅黄白色细长的成虫和幼虫在花瓣的尖端吸食汁液。高温时为害明显，花瓣的边缘变成褐色，有的出现大大小小的斑点，有的则萎缩。

雌成虫可产数百粒卵进行繁殖。

防治技巧>>

及早摘掉花，清扫植株周围，除掉越冬的蛹。该虫不喜欢一闪一闪的光线，所以可铺设反光膜进行预防。在发生量大时每隔7~10天喷1次奥特兰可湿性粉剂，连喷数次。

发生时期
1
2
3
4
5
6
7
8
9
10
11
12

在虫害发生初期喷洒药剂

滨枸

山茶科·常绿灌木

症状 在枝上附着颜色如同赤小豆、像贝壳一样的东西

为害部位（叶片、枝）

在枝上寄生的颜色如同赤小豆的雌成虫。

原因

红蜡蚧

害虫

附着性的介壳虫，群生，是吸食植物汁液的害虫 →第163页

红蜡蚧发生量大时会导致树势衰弱，其排泄物还可诱发煤污病，使枝叶变黑、变脏。1年发生1代，幼虫于6月下旬~7月上旬在雌成虫的贝壳中孵化后爬到外面。以后在当年伸展的枝和叶片上附着并开始吸食汁液，一生在固定的地方度过。9~10月时变成成虫，并以成虫越冬。

滨枸枝叶繁茂，如果密植，则不利于观察害虫的发生情况，容易错过防治时机，等发现时其发生量已大，所以必须要注意。

防治技巧>>

平时就要认真观察枝条，一旦发现就用刷子等刷掉。枝叶如果繁茂，就及时修剪，改善通风环境。

在幼虫发生期（6月下旬~7月上旬）喷洒奥鲁巧乳剂或噻虫胺·甲氰菊酯，以发生部位为中心进行喷雾防治。噻虫胺·甲氰菊酯的有效成分能渗透到贝壳中，有效地防治越冬成虫，该药剂在1年中都可用于幼虫和成虫的防治。另外，药剂的有效成分可渗透到枝内，杀虫效果可持续1个月（防治夏天孵化的幼虫），因此喷洒药剂后对孵化的幼虫也能有效地防治。

发生时期

1	
2	
3	
4	
5	在幼虫发生期喷洒药剂
6	
7	
8	
9	
10	
11	
12	

月桂树

樟科·常绿乔木

↓ 第163页

↓ 第154页

症状 1

沿着叶脉附着白色的东西

为害部位（枝、叶片）

寄生在叶片背面像龟甲壳状的成虫和星形的幼虫。

原因

日本龟蜡蚧

害虫

介壳虫类，是吸食植物汁液的害虫

被龟甲壳状的蜡质物覆盖的体长4毫米左右、半球形的雌成虫和星形的幼虫，寄生于叶片或枝上吸食汁液。发生量大时会导致树势衰弱，其排泄物还可诱发煤污病。

防治技巧 >>

用刷子等刷掉或连枝剪掉并进行处理。对整个植株喷洒奥鲁巧乳剂或噻虫胺·甲氰菊酯。噻虫胺·甲氰菊酯的渗透力强，在1年中都可用于防治成虫和幼虫，效果很好。

发生时期

月	
1	
2	
3	
4	
5	
6	幼虫发生期
7	
8	
9	
10	
11	
12	

症状 2

枝叶被黑色煤烟状物覆盖

为害部位（枝、叶片）

枝叶被煤烟状的黑色霉层覆盖。

原因

煤污病

病害

由真菌引起的传染性病害

叶片、枝等被黑色的霉层覆盖。空气中的煤污病病原菌以介壳虫等害虫的排泄物作为营养进行繁殖。月桂树在冬天受害明显，主要是日本龟蜡蚧引起的。如果放任不管，叶片被厚厚的煤烟状的膜覆盖，光合作用被抑制，生长发育也受到影响。

防治技巧 >>

找到引发病害的介壳虫，把其擦掉或者连枝一起剪掉并进行处理。用对成虫和幼虫都有效的噻虫胺·甲氰菊酯向整个植株进行喷雾防治。

发生时期

月	
1	
2	
3	
4	
5	
6	
7	
8	
9	
10	日本龟蜡蚧的防治
11	
12	

银叶金合欢

豆科·常绿乔木

症状 枝叶上附着有纵沟的白色棉状的东西

为害部位（叶片、枝）

煤污病

在枝上群生的雌成虫。有时会诱发煤污病。

原因

吹绵蚧

害虫

可移动性的介壳虫，是吸食植物汁液的害虫 →第163页

该虫在日本 1 年发生 2~3 代，以吸食植物汁液为食。发生量大时导致枝叶干枯，树势衰弱。另外，附着在叶片上的排泄物还可诱发煤污病，使叶片变黑，影响美观。看上去呈棉状的是雌成虫抱着的卵囊，内有很多卵。橙黄色的微小幼虫在卵囊中孵化，爬到外面寄生在枝叶上开始吸食植物的汁液。大多数介壳虫是营固着生活，但吹绵蚧是能移动的。

在叶片上发生的煤污病。

防治技巧 >>

一旦发现就用刷子等刷掉或剪掉受害的枝叶并进行处理。因为通风不好时易发生，所以要避免密植，适当修剪以改善通风环境。

选择 1 年中对成虫和幼虫防治效果都很好的噻虫胺·甲氰菊酯，以发生部位为中心进行喷雾防治。

 天敌澳洲瓢虫

20 世纪初从澳大利亚引进，作为吹绵蚧的天敌用于防治。

正在捕食吹绵蚧雌成虫的澳洲瓢虫的幼虫。

发生时期	
1	
2	
3	
4	
5	
6	幼虫发生期
7	
8	
9	
10	
11	
12	

症状

叶色失绿变白，呈飞白状

为害部位（叶片）

从叶片正面看呈飞白状，但是看不到虫子。

原因

菊方翅网蝽

网蝽科害虫，是寄生在叶片背面吸食汁液的害虫

成虫和黑点状的排泄物。

该虫在日本1年发生4代，是马醉木的主要害虫，翅的形状像相扑的行司用的指挥扇一样。成虫体长3毫米左右，寄生在叶片背面吸食汁液，留下星星点点的黑色排泄物，干旱时易发生，特别是梅雨季结束以后为害明显。成虫把卵产在叶片中，以后孵化成黑褐色有刺状突起的幼虫，也在叶片背面吸食汁液。在落叶下或草丛中以成虫的状态越冬，第2年春天又开始进行为害。

防治技巧 >>

　　平时就要认真检查，如果发现叶片出现小的白色斑点，就要把叶片背面的成虫和幼虫消灭。通风差时易发生，所以要适当修剪。冬天时去除落叶和地面的杂草，以减少害虫的越冬场所。使用药剂时，可在虫害发生初期喷洒杀螟松乳剂，叶片背面也要细致地喷洒。

　　网蝽科的害虫在梅花、海棠、樱花、蔷薇、楸子、皱皮木瓜等蔷薇科的木本花卉类，石楠杜鹃等杜鹃花科的木本花卉类，绣球花、紫玉兰、日本辛夷、柿子等植物上也会发生。

发生时期

| 1 |
| 2 |
| 3 |
| 4 |
| 5 |
| 6 |
| 7 |
| 8 |
| 9 |
| 10 |
| 11 |
| 12 |

在虫害发生初期喷洒药剂

竹、小竹

禾本科·常绿植物

症状 叶片出现椭圆形的白色斑点
为害部位（叶片）

白色斑点是害虫吸食汁液造成的，容易和病斑混淆。

原因

蜘蛛的一种，是吸食植物汁液的害虫

竹裂爪螨

害虫

寄生于叶片背面的成虫。

体长 0.3~0.4 毫米、浅黄绿色的虫子，在叶片背面拉上银白色类似蜘蛛编织的网，在其中吸食叶片的汁液。一般的叶螨为害是使叶片呈飞白状，但是竹裂爪螨的为害是形成直径 2~5 毫米的细长椭圆形斑纹。发生初期只是在叶片正面看见白斑，叶片背面虽然还没有巢，但是如果用放大镜看，会发现在受害的部位生存着细小的虫子。

防治技巧 >>

　　避免密植，改善通风环境。平时就要认真观察叶片是否出现斑纹，如果确认已经发生了，就连枝一起剪掉并进行处理。叶螨类不适应湿度大的环境，所以夏天干旱时对整个植株用强的液体烟雾反复喷水，可以减少其生存密度。发生量大、生存密度高了之后再用药，防治效果就差了，所以要在虫害发生初期以叶片背面为中心对整个植株喷洒乙螨唑悬浮剂。

在叶片背面做成的巢。

发生时期

| 1 |
| 2 |
| 3 |
| 4 |
| 5 |
| 6 |
| 7 |
| 8 |
| 9 |
| 10 |
| 11 |
| 12 |

在虫害发生初期喷洒药剂

瑞香

瑞香科·常绿灌木

花蕾上有很多直径为 2~3 毫米黑褐色的斑点

为害部位（叶片、嫩枝、花蕾、花瓣）

花蕾上出现很多斑点。

原因

黑点病

病害

由真菌引起的传染性病害

该病在 3~7 月，以及秋天的降雨期易发生，是由真菌引起的病害。在叶片、嫩枝、花蕾、花瓣上都会发生，并在受害部位形成分生孢子，随雨水飞散向周围传播蔓延。

病叶会发生黄变并且脱落，如果放任不管会出现反复发病，到了秋天大多数叶片脱落，植株衰弱，严重时甚至枯死。病原菌在病叶或枝上越冬，在病枝叶上形成的分生孢子于第 2 年春天又侵染健康的植株。

防治技巧 >>

一旦发现受害部位，就立即剪掉以切断传染源，防止波及健康的植株上。避免密植，改善通风环境。因为病叶或落叶可成为第 2 年的传染源，所以要把植株周围清理干净。若为害进一步发展，药剂的防治效果就降低，所以要在斑点小的发病初期，对整个植株喷洒亚胺唑乳剂。

病害传播快的黑点病

早春时发生的病害少，在 1 年中最先发生的就是黑点病，若想拍摄到带斑点的花，就不要错过，如右图中带斑点的粉红色花。

发生时期

1	
2	
3	在发病初期喷洒药剂
4	
5	
6	
7	
8	
9	
10	
11	
12	

在和花蕾同时期的叶片上出现的斑点。

瑞 香

瑞香科·常绿灌木

症状 2　叶片有黄色条纹状的斑

为害部位（叶片）

出现浅黄色斑的叶片。

原因

花叶病毒病

由病毒引起的传染性病害

病害

病叶有的起波浪，有的扭曲。

叶片上出现黄色的斑，有的起波浪，有的扭曲。诱发该病的病毒有 5 种，2~3 种同时感染的情况很多，症状有很明显的，也有不明显的，也有各种各样的表现形式。栽培的植株多数可被病毒感染。蚜虫是该病的传播媒介，嫁接苗和插条也可传染，修剪用的剪刀也可传染，所以每次修剪后要认真地清洗干净，否则会传染健康的植株。

防治技巧 >>

　　虽然多数叶片染病也不至于枯死，但是一旦感染就不能治愈。嫁接或选取插条时，不要使用发病的植株。修剪用的剪刀用热水消毒后再使用。要防治作为传播媒介的蚜虫，可在其发生初期对整个植株喷洒拜尼卡 × 精佳喷雾剂或拜尼卡拜吉夫路乳剂或杀螟松乳剂。喷洒药剂时应喷到药液从叶尖处刚开始向下滴时为宜，既不浪费也保证了防治效果。

　　花叶病毒病在珊瑚木、绣球花、夹竹桃、茶梅、山茶、南天竹、冬青卫矛等植物上也会发生。

发生时期

月
1
2
3
4
5
6
7
8
9
10
11
12

在蚜虫发生初期喷洒药剂

金丝桃

小连翘科·半常绿灌木

症状 1

叶片正面有橙黄色的斑点

为害部位（叶片）

有稍微隆起的细长椭圆形的斑点是锈病的特征。

原因

锈病

→第156页

由真菌引起的传染性病害

病害

孢子的颜色（锈色）是该病病名的由来。从初夏到秋天为害明显。斑点破裂，孢子随风飞散进行传播蔓延。发生量大时多数叶片被斑点覆盖，植株衰弱而枯死。

防治技巧 >>

摘除病叶，切断传染源。适量追肥，培育健壮的植株。在小斑点出现的初期，对整个植株喷洒亚胺唑乳剂，叶片背面也要喷到。

发生时期	
1	
2	
3	
4	
5	在发病初期喷洒药剂
6	
7	
8	
9	
10	
11	
12	

症状 2

叶片上有白色的粉状物

为害部位（叶片）

叶片正面、背面被白色霉层覆盖。

原因

白粉病

→第153页

由真菌引起的传染性病害

病害

若为害进一步发展，叶片有的起波浪，有的弯曲。初夏或初秋时雨少、持续阴天、比较冷凉且干燥的气候条件下易发病。在受害叶片上形成孢子，随风飞散进行传播蔓延。病原菌在落叶上越冬，第2年春天孢子随风雨飞散到新叶上进行传染，继续进行为害。

防治技巧 >>

去除病叶和落叶，切断传染源。避免密植，氮肥不能施得过多。在发病初期，可喷洒拜尼卡×精佳喷雾剂或灭螨猛可湿性粉剂。

发生时期	
1	
2	
3	
4	
5	在发病初期喷洒药剂
6	
7	
8	
9	
10	
11	
12	

桑寄生在具柄冬青的枝上附着的样子。

附着在具柄冬青的枝上，像仙人掌一样的东西是什么？

>>> **槲寄生的同类** 半寄生植物

在常绿树上寄生的槲寄生科桑寄生属常绿灌木，由其根变成的吸收器侵入被寄生枝的木质部，吸收树的水分和营养，这是桑寄生。其叶片和茎中都含有叶绿素，能进行光合作用，所以被称为半寄生植物。

从春天到盛夏，直径在 1 毫米以下非常小的黄绿色的花在各节上附着数个，花后形成椭圆形的长约 3 毫米的橙黄色果实，待果实成熟时果皮破裂，其中的种子和黏着物一起飞出，附着到周围的枝上发芽，生长后形成和周围的叶片不同的造型物。如果任其生长，寄主虽然很少枯死，但会被吸取营养，发生量大时会引起落叶等，成为树势衰弱的原因。另外，如果桑寄生的寄主枯死，那它也就不能生长发育并枯死。

如果有桑寄生，就趁其还小的时候根也浅，可以连根切除。若任其生长，根扎得深，处理得越晚越需要深挖。若生有很多枝，就连枝一起剪掉。剪掉后，在树的切口处涂上甲基托布津药剂以促进愈合。目前在日本还没有只使桑寄生枯死的药剂。

全部叶片变成红褐色的样子。

叶片像
仙人掌一样

扁平、有很多
的节、绿色、
高10~20厘米。

易发生的树种
如具柄冬青、山茶、柃木、杨桐、
茶梅、细叶冬青、钝齿冬青、银桂、
日本毛女贞、马醉木、栀子等

杨梅

杨梅科·常绿乔木

症状 1

叶片被丝黏合

为害部位（叶片）

被黏合的叶片中有头呈黑色、体呈浅灰绿色的虫子。

发生时期
1
2
3
4
5
6
7
8
9
10
11
12

在虫害发生初期喷洒药剂

原因

卷叶蛾类

蛾的一类，是啃食叶片的害虫 → 第 164 页

害虫

1 年发生多代。幼虫从口中吐出丝，春天把新梢黏合起来，夏天把叶片卷起来并黏合，藏在其中取食为害。体长 20 毫米左右，如果放任不管，叶片会被啃食得破烂不堪。

防治技巧 >>

把卷起的叶片打开，消灭其中的幼虫或连叶片一起弄碎。因为虫子行动敏捷，不要让其逃掉了。在虫害发生初期喷洒艾绿士悬浮剂，喷洒时要使卷叶里面的幼虫着药。

症状 2

在枝或树干上有黑褐色的瘤子

为害部位（树干、枝、叶柄）

在枝尖上形成的瘤，有龟裂、表面粗糙。

发生时期
1
2
3
4
5
6
7
8
9
10
11
12

原因

癌肿病

由细菌引起的传染性病害

病害

发病初期，在树皮上形成瘤状的突起，后变成有龟裂的瘤。在土壤中的病原菌随雨水飞溅，从树的伤口侵入后，在树中边繁殖边产生化学物质，刺激植物组织异常生长，形成瘤子。如果瘤子包住树干，从这以上的部分会因生长发育不良而枯死。

防治技巧 >>

在排水性好的土壤中栽植，铺设稻草等防止泥水飞溅。把发病的植株移出去，在原先的穴内不要再栽植。目前在日本还没有用于防治该病的专用药剂。

六道木

忍冬科·半常绿灌木

症状 1

叶片被白色粉状物质覆盖

为害部位（叶片）

叶片被白色霉层覆盖的样子。

原因

白粉病

↓第 153 页

由真菌引起的传染性病害

多是嫩叶受害，发生严重时植株生长发育受阻。初夏或初秋时雨少、阴天持续、冷凉且气候干燥时易发病。在受害叶片上形成的孢子，随风飞散向周围传播蔓延。

防治技巧 >>

去除受害的叶片。避免密植，适当修剪改善日照和通风环境。肥料不能施用过多。在发病初期可喷洒拜尼卡 × 精佳喷雾剂或灭螨猛可湿性粉剂。

在发病初期喷洒药剂

症状 2

群生着黄绿色的小虫子

为害部位（新芽、叶片、枝）

被吸食汁液的叶片，有的卷起，有的弯曲。

原因

蚜虫类

↓第 159 页

群生，是吸食植物汁液的害虫

繁殖力旺盛，特别是春天新梢伸展时发生多，会影响新芽的伸展，叶片的展开也推迟。

通常成虫无翅，当生存密度大时就会出现有翅的个体，移动到别的场所又开始为害。夏天高温期发生少。

防治技巧 >>

一旦发现就捏死。氮肥不要施得过多。发生量大时，药剂的防治效果会变差，所以应在虫害发生初期就对整个植株喷洒拜尼卡 × 精佳喷雾剂或拜尼卡拜吉夫路乳剂。

在虫害发生初期喷洒药剂

毛序石斑木

薔薇科·常绿灌木

症状 1

为害部位（新芽、叶片、枝）

新叶上群生黄绿色的虫子

发生时期 4~6 月

原因

梨绿大蚜

害虫

吸食植物汁液的害虫 →第159页

　　大型的蚜虫在叶片背面成列寄生，其排泄物还可诱发煤污病。也会为害梨和枇杷。

在日本登记的药剂
拜尼卡 × 精佳喷雾剂或拜尼卡拜吉夫路乳剂

症状 2

为害部位（叶片、枝）

叶片出现圆形褐色的斑点

发生时期 4~10 月

原因

芝麻斑病

病害

由真菌引起的传染性病害

　　在新芽刚出齐时发生显著，如果为害进一步发展就会落叶，造成树势衰弱。病原菌随风、雨水飞溅而传播蔓延。

在日本登记的药剂
苯菌灵可湿性粉剂

台湾十大功劳

小蘖科·常绿灌木

症状

为害部位（叶片、枝）

叶片出现直径为 10 毫米左右的灰色斑点

病斑周围为褐色

发生时期 4~11 月

原因

炭疽病

病害

由真菌引起的传染性病害 →第157页

　　日照和通风差、雨多湿度大时在多种植物上发生。病原菌随雨水飞溅，向周围传播蔓延。

在日本登记的药剂
苯菌灵可湿性粉剂

细叶冬青

冬青科·常绿乔木

症状 1

为害部位（叶片、枝）

附着颜色如同赤小豆像贝壳状的东西

雌成虫

发生时期 全年（幼虫为 6~7 月）

原因

红蜡蚧

吸食植物汁液的害虫 →第 163 页

发生量大时会导致树势衰弱，还可诱发煤污病。在贝壳中孵化的幼虫爬到外面，再附着后吸食汁液进行为害。

在日本登记的药剂

噻虫胺·甲氰菊酯、奥鲁巧乳剂

症状 2

为害部位（叶片）

叶片被丝黏合

发生时期 5~10 月

原因

卷叶蛾类

蛾的一类，是食害性害虫 →第 164 页

将黏合的叶片打开时可见里面有头呈黑色、体呈浅灰绿色的虫子。幼虫从口中吐丝把叶片黏合，在里面为害。

在日本登记的药剂

艾绿士悬浮剂

紫 杉

紫杉科·常绿乔木

症状

为害部位（叶片）

叶色变成白色，呈飞白状

发生时期 6~11 月

原因

叶螨类

吸食植物汁液的害虫

蜘蛛的一类，寄生于叶片背面的微小的红色虫子。喜欢高温干旱气候，如果放任不管，会拉上类似蜘蛛编织的网。

在日本登记的药剂

乙螨唑

乌冈栎

山毛榉科·常绿乔木

症状

叶片被白色粉状物覆盖

为害部位（叶片、新梢）

发生时期 6~11月

原因

白粉病

由真菌引起的传染性病害 → 第153页

发生量大时会导致叶片黄化，影响植株生长发育。初夏和初秋时多发，孢子随风飞散进行传播蔓延。

在日本登记的药剂
拜尼卡 × 精佳喷雾剂、灭螨猛可湿性粉剂

日本毛女贞

木樨科·常绿灌木

症状

新叶横着卷曲，里面有白色的虫子

为害部位（新叶）

发生时期 4月下旬~5月

原因

女贞卷叶绵蚜

吸取植物汁液的害虫 → 第159页

蚜虫的一种，把新叶卷起来在其中为害。吸食叶片的汁液，影响植株生长发育，发生量大时会造成树势衰弱。

在日本登记的药剂
拜尼卡 × 精佳喷雾剂

八角金盘

五加科·常绿灌木

症状

在叶片背面有小的黑色或黄绿色虫子

为害部位（新芽、叶片、枝）

发生时期 4~10月

原因

蚜虫类

群生，是吸食植物汁液的害虫 → 第159页

春天集中在新芽的顶端进行为害。发生量大时，会影响新芽的伸展，有的叶片萎缩。

在日本登记的药剂
拜尼卡 × 精佳喷雾剂、拜尼卡拜吉夫路乳剂

夹竹桃

夹竹桃科·常绿灌木

症状

新芽上群生黄色的虫子

为害部位（新芽、嫩叶、花梗）

发生时期 5~11月

原因

夹竹桃蚜

吸食植物汁液的害虫 →第159页

发生量大时，新芽的伸展受抑制，有时叶片的伸展也推迟。附着在叶片上的排泄物还可诱发煤污病。

在日本登记的药剂

拜尼卡 × 精佳喷雾剂、拜尼卡拜吉夫路乳剂

银桂

木樨科·常绿小乔木

症状

叶色变成白色飞白状

为害部位（叶片）

发生时期 6~11月

原因

叶螨类

吸食植物汁液的害虫

蜘蛛的一类，是寄生于叶片背面的微小的红色虫子。如果为害进一步发展，会导致树势衰弱。若是矮树篱笆受害，则会影响美观。

在日本登记的药剂

乙螨唑

麦卢卡

桃金娘科·常绿灌木

症状

在枝上附着白色贝壳状的东西

为害部位（叶片、枝）

发生时期 全年（幼虫为6~7月）

原因

日本龟蜡蚧

吸食植物汁液的害虫 →第163页

被龟甲壳状的蜡质物覆盖的半球形雌成虫和星形的幼虫都以吸食植物汁液进行为害，发生量大时会造成树势衰弱。

在日本登记的药剂

噻虫胺·甲氰菊酯、奥鲁巧乳剂

55

樱花

蔷薇科·落叶乔木

叶片被网状的丝覆盖，变成褐色

为害部位（叶片）

在叶片背面群生的低龄幼虫取食为害后，叶片变成褐色。

原因

美国白蛾

毛虫类，蛾的一种，是食害性害虫 →第161页

成长中的幼虫，身体上有白色细长的毛。

幼虫吐丝做巢，在叶片背面群生并取食为害。长大后分散开，体长可达 30 毫米左右。以后在树皮的裂缝等处化蛹，再变成灰白色的蛾，在叶片背面产卵，8 月中、下旬时再孵化为幼虫。日本关东以西地区在 9 月以后往往再次发生，发生量大时可将树叶吃光。该虫以蛹越冬，第 2 年 5 月时成虫产卵，孵化的幼虫再进行为害。

防治技巧 >>

一旦发现有拉丝做的巢，就连群生幼虫的枝一起剪掉。在幼虫成长分散前进行处理。对每年易发生的树要特别留心观察。蛾类的幼虫，待其长大后再采用药剂防治，效果就差了。在虫害发生初期，孵化的幼虫还是群生时，可喷洒噻虫胺·甲氰菊酯或拜尼卡 J 喷雾剂或拜尼卡 S 乳剂。

在叶片背面群生的幼虫。

发生时期

| 1 |
| 2 |
| 3 |
| 4 |
| 5 |
| 6 |
| 7 |
| 8 |
| 9 |
| 10 |
| 11 |
| 12 |

在幼虫发生初期喷洒药剂

樱花

蔷薇科·落叶乔木

症状 2 数片叶颜色变成褐色，树下变脏，呈现红褐色

为害部位（叶片）

地面变脏，红褐色的是幼虫的粪便。

原因

舟形毛虫

毛虫类（蛾的一种），是食害性害虫→第161页

害虫

8月时成虫在叶片背面产卵可达 400 粒以上，孵化的暗红色幼虫群生在叶片背面进行取食为害，被啃食的叶片有的变成浅褐色，呈飞白状。幼虫落到地面逐渐分散为害，有时可把树叶吃光，长大时成为生有白毛的体长可达 50 毫米左右的黑色毛虫，9 月中旬以后落到地面在土中化蛹越冬，到第 2 年夏天时又羽化为成虫。

群生为害的若龄幼虫。

防治技巧 >>

一旦发现有呈飞白状的叶片，就把群生幼虫的枝一起剪掉并进行处理。在其长大分散为害之前及早处理是很关键的。对每年易发生的树要特别留心观察。待幼虫长大后再用药剂，防治效果就差了，所以应在其发生初期的 8 月下旬喷洒拜尼卡「喷雾剂或噻虫胺·甲氰菊酯或拜尼卡 S 乳剂。

该虫在蔷薇科的果树和庭院树、榆树、枹栎、青冈栎、槭树等树上也发生。

8 月下旬喷洒药剂进行防治

这个害虫会把树下的走道弄脏，非常令人讨厌。要想防止受害，在幼虫发生初期进行防治是最关键的。在日本，社区理事会担当起栽树护树的责任并制定一年当中的管理制度，适时进行药剂防治，小区内的树就不会受害！

发生时期

| 1 |
| 2 |
| 3 |
| 4 |
| 5 |
| 6 |
| 7 |
| 8 |
| 9 |
| 10 |
| 11 |
| 12 |

在幼虫发生初期喷洒药剂

症状 3

从树干中排出粪便、冒出树脂

为害部位（枝、树干）

从树干中排出的粪便（虫粪）。

原因

苹果透翅蛾 害虫

钻入树干中的食害性害虫

在树皮下的幼虫。

在樱花树、桃树、樱桃树、梅花树等蔷薇科树木上寄生。

该虫在日本1年发生1代，5~9月成虫在树皮裂缝等处产卵，从6月开始陆续孵化的幼虫钻入浅层树皮中取食为害，并以幼虫越冬，到了第2年早春又开始取食为害，如果把受害部位的树皮刮开，几乎1年的乳白色幼虫都在这里。受害部分因腐生菌侵入而腐烂，如果为害进一步发展，树势衰弱，有的甚至枯死。

防治技巧 >>

如果只有粪便排出，说明害虫在浅的地方，可用木槌敲打受害部位进行消灭。如果连虫粪带树脂一起排出，就在降雨后用小刀把变软的树皮刮开找到幼虫进行捕杀。作业后涂上甲基托布津药剂，以促进伤口的愈合。向树干上充分喷洒住化斯米帕衣乳剂（成分：杀螟松），以防止成虫产卵和孵化的幼虫取食为害。

混杂虫粪的树脂被排出来的状态。

发生时期	
1	
2	
3	
4	
5	喷洒药剂
6	
7	喷洒药剂
8	
9	
10	
11	
12	

生长在樱花树树干上的灰绿色似苔藓一样的东西是什么?

>>> (梅衣) 地衣类

　　梅衣是藻类生活在菌类体中的共生体,利用藻类光合作用制造的养分进行生存。梅衣在日本关东地区以西地势低的地域较为常见,其中的藻类需要光照进行光合作用,所以是发生在树林中比较明亮的地方,在比较暗的地方不发生。

　　梅衣可在多种树上蔓延这一点是不好的,但是它不从树中吸取营养,所以对树并没有不好的影响,只是在树势衰弱的树上易发生。如果发现梅衣,就可重新考虑栽培管理。改善通风、排水环境,适时进行浇水和施肥,尽可能地恢复树势。这些梅衣,如果放任不管,也没有什么问题;如果想除掉,可用刷子刷掉或用竹刀刮掉。目前日本没有除掉梅衣的药剂。

在杜鹃上着生的波状纹梅衣。

朝向外侧生长,形成的孢子随风飞散向周围蔓延。孢子在适宜生长的地方又开始萌发。

易发生的树种

梅花、樱花、茶梅、杜鹃、山茶、厚皮香、榉树、槭树、松树等

在灯笼、石头或石墙上也可生长。生长呈圆形,大的直径可达 20 厘米左右。

作为空气污染的评价指标

　　生长在树上的像梅衣这样的地衣类,可将其作为空气污染的评价指标,有空气污染的场所是很少发生的。

樱花

蔷薇科·落叶乔木

在枝上附着像鹌鹑蛋一样的东西
为害部位（叶片）

直径为 15 毫米左右

附着在树干上越冬的茧。

原因

刺蛾类

害虫

蛾的一类，是食害性害虫 →第 161 页

叶片背面的幼虫（丽绿刺蛾）。

刺蛾类在日本全国都有分布，食性很杂，广泛寄生于庭院树和果树等树上。

5 月前后在茧中羽化的成虫在叶片背面产卵，孵化的黄绿色幼虫留在叶片表面为害。受害部分呈白色透明状，如果放任不管，幼虫会暴食整棵树的叶片。需要注意的是，不要触碰幼虫的毒刺毛。秋天时幼虫做成像鹌鹑蛋一样的茧，在茧中以化蛹前的状态进行越冬。

防治技巧 >>

　　冬天时一旦发现像鹌鹑蛋一样的茧，就用木槌等物体将其敲碎，以减少第 2 年的发生源。在幼虫发生初期，如果发现白色透明状的叶片就进行捕杀，或把群生着幼虫的叶片连枝一起剪下并进行处理。

　　幼虫长大后采用药剂防治的效果就差了，所以应在其发生初期喷洒套阿涝可湿性粉剂。

　　刺蛾类在光叶石楠、槭树类、紫薇、榉树、梅子、柿子等植物上也会发生。

注意不要去碰幼虫的毒刺毛！

刺蛾的幼虫（供图：木村裕）。

发生时期
1
2
3
4
5
6
7
8
9
10
11
12

在幼虫发生初期喷洒药剂

樱花

薔薇科·落叶乔木

症状 5

叶片被丝黏合，里面有虫子

为害部位（叶片）

叶片中有浅灰绿色的虫子。

原因

卷叶蛾类

蛾的一类，是食害性害虫 →第164页

卷叶蛾类在日本1年发生数代，幼虫从口中吐丝把叶片黏合，藏在里面取食为害。春天把新梢黏合起来，夏天把叶片黏合起来。幼虫体长可达20毫米，取食量大，如果放任不管，叶片会变得破烂不堪。

防治技巧>>

把黏合卷起的叶片打开消灭幼虫，或者连叶片一块弄碎。因为幼虫行动敏捷，所以不要让其逃掉。在虫害发生初期时喷洒艾绿士悬浮剂，药液要喷到卷叶里面的幼虫体上。

症状 6

叶片纵向萎缩卷起，里面有虫子

为害部位（新叶）

受害叶片中有体长1~2毫米暗褐色的蚜虫。

原因

樱桃瘤蚜

能卷叶的蚜虫，群生，是吸食植物汁液的害虫 →第159页

春天时樱桃瘤蚜寄生于新梢尖端的叶片背面吸食汁液。受害部分先变为黄色，逐渐地由橙黄色变为红色。因为叶片变形变色，所以会被误认为是病害。虫害发生后，新梢的伸展受阻，受害叶片早期就掉落，影响植株正常生长发育。

防治技巧>>

把受害叶片连虫一块儿去除。因为在同一树上发生，所以要在新叶展开期进行确认。在虫害发生初期喷洒拜尼卡×精佳喷雾剂或拜尼卡拜吉夫路乳剂或斯米气奥乳剂（成分：杀螟松）。

从近地表处排出木屑的桃树。

像面条一样的棒状木屑

从樱花树、梅花树和桃树的近地表处排出有黏性的木屑⊖

>>> 桃红颈天牛 钻入树干中的食害性害虫 在日本被列为特定外来生物

🔍 使蔷薇科树木枯死的外来昆虫，
繁殖力强，为害有进一步扩大的可能性。

　　近年来，桃红颈天牛寄生于樱花树、梅花树、桃树等蔷薇科树木上，使树势衰弱甚至枯死，其分布有进一步扩大的可能性。桃红颈天牛是从俄罗斯南部到越南北部原产的外来昆虫，2012 年首次在日本爱知县被确认有发生，后来在埼玉县、群马县、东京都、大阪府、德岛县、栃木县等 7 个都府县都有发生；2018 年 1 月，日本环境省根据外来生物法确定其为特定外来生物。

　　其成虫是有光泽的黑色、颈部为红色、体长为 30~40 毫米的天牛，6 月上旬 ~8 月上旬在树干上挖洞进出，1 周后在树皮上产卵。繁殖力旺盛，1 头雌成虫可产 100~300 粒卵。孵化后的幼虫钻入树干中取食为害，从穴中排出很多混有粪便的木屑。刚排出的木屑像面条一样的棒状，与其他天牛排出的没有黏性的木屑有所不同。幼虫在树干中生活 2~3 年后，化蛹再变为成虫。

在树干中大量取食

颈部为红色是其特征

乳白色的幼虫和树干断面的取食为害孔洞。

寄生于树干的成虫。

⊖ 本部分内容图片来源于德岛县。

🔍 消灭成虫、幼虫，

　　与地方环境事务所（在中国是与当地林业部门）及时联系。

　　一旦发现成虫，在立即捕杀的同时，还要及时和当地政府、村或最近的地方环境事务所（在中国是与当地的林业部门）联系。如果周围有易寄生的树木，要确认树干上有无成虫。一旦发现有排出木屑的孔洞，就用钢丝等插进去，把其中的幼虫刺死。为防止成虫扩散和产卵，应在其羽化期的 6~8 月，在树干上缠上网（网格孔径在 4 毫米以下），以捕杀从树干中出来的成虫。另外，网和树干之间应留有一定的间隙，不要让成虫把网咬破了。

🔍 用药剂防治时，使用能插入孔洞中的特殊喷头进行喷洒。

　　一旦发现有木屑和粪便从孔洞中排出，就把木屑去除。如果是樱桃树，可用氯菊酯药剂，使用特殊的喷头插入孔洞中，一直喷到药液外流时为止，以杀灭其中的幼虫。

网和树干之间
要留有间隙

易发生的树种
梅花、樱花、桃、李
等蔷薇科树木

为防止成虫扩散，可在树上缠网。

槭树

槭树科·落叶乔木

症状 1

症状 1　从树干的近地表处排出木屑和粪便

为害部位（幼虫：树干；成虫：新梢）

近地表处形成木屑堆。

原因

寄生于树干的成虫。

白点星天牛

钻入树干中的食害性害虫 →第 162 页

白点星天牛在日本全国各地都有分布，通称为铁炮虫，以乳白色的幼虫在树干中取食为害。长大的幼虫体长可达 50 毫米以上，取食量大，若为害进一步发展，枝有的折断，有的枯死。

该虫在日本一般 1 年发生 1 代，在树干中越冬的幼虫变成蛹，5 月下旬 ~7 月，背上有白点的成虫从近地表面的孔洞中出来把新梢或嫩树皮取食为害成环状，使枝尖萎蔫。

防治技巧 >>

一旦发现有排出木屑和粪便的孔洞，就把木屑去除，用特殊的喷头向孔洞内喷洒氯菊酯药剂，一直喷到药液外流时为止，以消灭其中的幼虫。将喷头插入孔洞时如果孔洞处有木屑，就容易堵塞喷头，所以应边喷边向里插入。如果周围有油橄榄、板栗、樱花、紫薇、梨、蔷薇、柑橘类、苹果等易寄生的树木，平时就要认真检查枝头是否萎蔫，一旦发现成虫就进行捕杀。受害枯死的树，如果放任不管，就会成为害虫的栖息场所，所以要及早地处理掉。

发生时期	
1	向孔洞内喷洒药剂
2	（幼虫）
3	
4	
5	（成虫）
6	
7	向孔洞内喷洒药剂
8	
9	
10	
11	
12	

榉树

榉树科 · 落叶乔木

症状 2

在新梢和嫩叶上群生着小虫子

为害部位（新梢、新叶）

体长 2~3 毫米，体色为黑褐色或红褐色。

原因

吸食植物汁液的害虫

→第 159 页

榉多态毛蚜

害虫

从新叶的展开期发生，发生量大时叶片皱缩，甚至不能充分地展开。其排泄物上还生有黑霉，易诱发煤污病。9 月时再繁殖。该虫以卵越冬，孵化后又反复进行为害。

防治技巧 >>

把在有光泽的排泄物上方寄生的虫子处理掉。把群生幼虫的叶片连枝除掉。在虫害发生初期喷洒拜尼卡 × 精佳喷雾剂或拜尼卡拜吉夫路乳剂或斯米气奥乳剂。

发生时期

| 1 |
| 2 |
| 3 |
| 4 |
| 5 |
| 6 |
| 7 |
| 8 |
| 9 |
| 10 |
| 11 |
| 12 |

在虫害发生初期喷洒药剂

在虫害发生初期喷洒药剂

症状 3

新梢和叶片被白色粉状物质覆盖

为害部位（新梢、叶片）

发生量大时叶片扭曲。

原因

由真菌引起的传染性病害

→第 153 页

白粉病

病害

在多数庭院树上发生。发病严重时，有的叶片扭曲，有的新梢萎蔫、干枯。初夏、初秋时易发生，夏天高温期发生程度减轻。枝叶过于繁茂，日照和通风差时易发病。从受害叶片上形成的孢子，随风飞散向周围传播蔓延。

防治技巧 >>

适当修剪，改善日照和通风环境。及时去除落叶。氮肥不要施得过多。在发病初期时可喷洒拜尼卡 × 精佳喷雾剂或灭螨猛可湿性粉剂。

发生时期

| 1 |
| 2 |
| 3 |
| 4 |
| 5 |
| 6 |
| 7 |
| 8 |
| 9 |
| 10 |
| 11 |
| 12 |

在发病初期喷洒药剂

木槿

锦葵科落叶灌木

症状

在新芽或叶片背面群生暗绿色或黑色的小虫子

为害部位（花、蕾、茎、新芽、叶片）

体长 1 毫米左右

棉蚜在新芽上群生的样子。

原因

棉蚜

群生，是吸食植物汁液的害虫 → 第 159 页

害虫

棉蚜在叶片背面寄生的样子。

棉蚜在蔬菜、草本花卉、木本花卉等植物上寄生为害。繁殖力旺盛，吸食植物汁液，阻碍植物生长发育。有些地区的棉蚜抗药性严重，药剂防治不怎么管用了。其排泄物还可诱发煤污病，使茎、叶变脏，还是花叶病毒病的传播媒介等。虫子虽小，但是非常令人讨厌的害虫。

一般的棉蚜个体无翅，当生存密度高时就会出现有翅的个体，向周围移动，扩散为害。

防治技巧 >>

平时就要认真观察新芽和叶片，一旦发现就用刷子处理掉。氮肥施得过多会促使其发生，所以要按需施肥。因其生存密度大了之后药剂的防治效果就会变差，所以应在发生初期喷洒拜尼卡 × 精佳喷雾剂或拜尼卡拜吉夫路乳剂或斯米气奥乳剂。对药剂出现抗性的蚜虫连续使用同一类药剂就不怎么管用了，所以要选择不同类型的药剂轮换使用才能提高防治效果。上面提到的药剂具有不同的杀虫机理，可轮换交替使用。该虫在芙蓉、毛序石斑木、凌霄、八角金盘等植物上也会发生。

发生时期

| 1 |
| 2 |
| 3 |
| 4 |
| 5 |
| 6 |
| 7 |
| 8 |
| 9 |
| 10 |
| 11 |
| 12 |

在虫害发生初期喷洒药剂

野茉莉

野茉莉科 · 落叶小乔木

在枝上附着白色筒状瘤一样的东西

为害部位（叶片）

梅雨季节在枝的外芽上附着穗状的瘤状物。

原因

猫爪瘿蚜

害虫

为害形成虫瘿，是吸食植物汁液的害虫 →第 159 页

虫瘿中有被蜡质物覆盖的成虫。

　　白色瘤（虫瘿）中生存着被白色蜡质物覆盖的褐色虫子，通过吸食植物汁液进行为害。

　　7 月时出现有翅的个体，爬到瘤的外面移动到杂草上，边繁殖边越夏。秋天时再出现有翅的个体到野茉莉上产卵，以卵的状态越冬，在第 2 年孵化的幼虫又进行为害。

防治技巧 >>

　　一旦发现虫瘿，就连枝剪掉并把其中的幼虫一块儿处理掉。如果过了适宜的时机，里面就没有虫了，所以要在早期发现。

　　因为虫瘿中的虫很难直接接触到药剂，所以要在其发生初期使用具有内吸性的拜尼卡 × 精佳喷雾剂，以虫瘿为中心进行细致地喷洒。

 检查虫瘿的尖端

　　虫瘿中有虫子时尖端是闭合的，但是虫子爬出后尖端会敞开。如果认真观察，就能判断出里面是否还有虫子。因为当年发生过的树上第 2 年也往往会发生，所以平时就要认真观察，不要错过在虫害发生初期就进行防治的机会。

发生时期

| 1 |
| 2 |
| 3 |
| 4 |
| 5 |
| 6 |
| 7 |
| 8 |
| 9 |
| 10 |
| 11 |
| 12 |

在虫害发生初期除掉虫瘿或喷洒药剂

绣球花

虎耳草科·落叶灌木

叶片有很多圆形的孔洞

为害部位（叶片）

叶片背面有浅绿色的青虫

被大量取食为害后形成很多孔洞的叶片。

原因

绣球花叶蜂

叶蜂的一种（蜂类），是取食为害叶片的害虫

害虫

寄生在叶片背面的幼虫。

寄生于绣球花的蜂类的幼虫，在日本1年发生2~3代，长大后体长可达20毫米。在叶片背面群生取食为害，发生量大时叶片只剩下叶脉。1个月左右就变成老熟幼虫，从树上转移到地面，在土中化蛹。以后羽化为体长约10毫米的成虫（蜂），在叶片组织中产卵，孵化出幼虫再取食为害。在土中以幼虫的状态越冬，第2年春天成虫在叶片上产卵，孵化出幼虫又进行为害。

防治技巧 >>

一旦发现幼虫，就立即捕杀。把幼虫群生的叶片连枝一起剪下来并进行处理，效果更好。

目前在日本没有防治绣球花叶蜂类的专用药剂。

叶蜂类，在杜鹃、皋月杜鹃（杜鹃三节叶蜂）、蔷薇（红条三节叶蜂）等植物上也会发生。

变异的蜂

绣球花叶蜂虽然是蜂类，但是生活方式很特别。成虫没有针，也不会蜇人，也不像蜂那样做巢。幼虫有足，能自由地到处爬。

发生时期	
1	
2	
3	
4	幼虫发生期
5	
6	
7	
8	
9	
10	
11	
12	

绣球花

虎耳草科·落叶灌木

花被取食为害得破烂不堪

为害部位（花、叶片）

被严重取食为害的栎叶绣球的花。

原因

铜绿丽金龟

甲虫的一种，是食害性害虫 →第160页

铜绿丽金龟的成虫（供图：木村裕）。

铜绿丽金龟会把叶片为害得破烂不堪，将其咬出网目状的孔洞，是金龟甲中有代表性的虫子。该虫在日本1年发生1代，成虫广泛寄生于庭院树、果树、蔷薇、草本花卉、蔬菜等植物上取食为害。

该虫以幼虫的状态在土壤中越冬，第2年初夏时羽化的成虫在地上部为害叶片和花。成虫会从周围快速地飞来，所以很难防治，是很令人讨厌的害虫。

防治技巧>>

在成虫发生期，认真观察树体及周边的植物，一旦发现就进行捕杀，以减少其生存数量。

成虫喜欢在含有腐殖土或未腐熟的堆肥等有机物含量多的土壤中产卵。在砂质土壤中也易发生，所以要注意。

在虫害发生初期向整棵树喷洒松绿液剂（成分：啶虫脒）。

对芙蓉、夹竹桃、樱花、紫薇、山茶、葡萄、板栗、梨、猕猴桃、柿子、李、梅子、蔷薇（幼虫也为害）、木槿属的树等也可寄生为害。

发生时期

| 1 |
| 2 |
| 3 |
| 4 |
| 5 |
| 6 |
| 7 |
| 8 |
| 9 |
| 10 |
| 11 |
| 12 |

在虫害发生初期喷洒药剂

症状 3

整个植株被白色粉状物质覆盖

为害部位［叶片、新梢、花（萼片）］

发病初期的样子（左）和整个被霉层覆盖的植株（右）。

原因

白粉病

由真菌引起的传染性病害 →第153页

除去夏天的高温期，初夏和初秋雨少、持续阴天、比较冷凉且干燥的天气易发病。发病严重时叶片黄化，植株生长受影响。若肥料施用过多、枝叶过于繁茂，易发病。

防治技巧 >>

清理病叶和落叶，以切断传染源。避免密植，适当进行修剪。肥料不能施用过多。在发病初期可向整个植株喷洒拜尼卡 × 精佳喷雾剂或灭螨猛水乳剂。

发生时期

| 1 |
| 2 |
| 3 |
| 4 |
| 5 |
| 6 |
| 7 |
| 8 |
| 9 |
| 10 |
| 11 |
| 12 |

在发病初期喷洒药剂

症状 4

叶片有圆形褐色的病斑

为害部位（叶片、茎）

有轮纹、褐色、圆形的病斑，有的病斑穿孔。

原因

炭疽病

由真菌引起的传染性病害 →第157页

在庭院树、草本花卉、观叶植物等植物上发生。日照和通风差、湿度大时易发病。发病严重时1片叶上可有100多个病斑，植株生长发育受到影响。在受害部分形成的孢子，随浇水或雨水飞溅而向周围传播蔓延。

防治技巧 >>

去除病叶和落叶。避免密植，改善日照和通风环境。浇水时应浇在植株基部，盆钵栽培的要放到屋檐下等雨水淋不着的地方。在发病初期喷洒苯菌灵可湿性粉剂。

发生时期

| 1 |
| 2 |
| 3 |
| 4 |
| 5 |
| 6 |
| 7 |
| 8 |
| 9 |
| 10 |
| 11 |
| 12 |

在发病初期喷洒药剂

绣球花

虎耳草科·落叶灌木

症状 5

叶片被啃食，上面有蜗牛

为害部位（叶片、蕾）

虽然在绣球花上常看到，但它其实是害虫。

原因

蜗牛类

昼伏夜出性的食害性害虫

虽然看不到害虫，但是受害叶片出现不规则的孔洞，如果叶片上有带光泽的条斑，说明是蜗牛类为害造成的。蜗牛类和蛞蝓有相似的习性，喜欢湿度大的地方，取食为害叶片和蕾，白天在落叶下等地方藏着，晚上出来活动。

防治技巧 >>

捕杀落叶下的蜗牛。避免湿度过大。盆钵栽培时，可用铜板或铁网挡住底部的孔。在虫害发生的地方，傍晚时在地面撒施斯拉告（成分：磷酸亚铁水合物）诱其出来进食后而杀灭。

发生时期	
1	
2	
3	
4	在虫害发生初期喷洒药剂
5	
6	
7	
8	
9	
10	
11	
12	

附着在绣球花枝上的白色泡状物。

附着在枝或叶片上的泡状物到底是什么？

>>> 沫蝉

这种泡状物，是由寄生于多种庭院树或大型草本植物的沫蝉产生的，该虫在九州地区以北的日本各地都有分布。在泡沫中生活的幼虫和 6 月以后出现的像蝉一样灰黄色的成虫（体长 10 毫米左右），会吸食植物的汁液。虽然对植株生长发育的影响不是很明显，但是幼虫排出的液体形成的泡沫附着在枝上，很影响美观。该虫以卵越冬，第 2 年春天 5 月孵化的幼虫又排出液体造泡。

沫蝉造成的危害虽然比较轻微，但若觉得这种泡状物很难看，就立即清除。幼虫行动迟缓，很容易捕杀。

目前，在日本还没有用于防治庭院树和果树沫蝉的专用药剂。

泡沫中的暗褐色幼虫。

原因是这个

易发生的树种
绣球花、六道木、野茉莉、杜鹃、毛序石斑木、冬青卫矛、棣棠花等

山茱萸科 · 落叶乔木

叶片变成白色透明状

为害部位（叶片）

在叶片背面有带毒刺毛的幼虫

被取食为害成白色的叶片。

原因

丽绿刺蛾

刺蛾类，蛾的一种，是取食为害叶片的害虫 →第161页

幼虫黄绿色体背中有条鲜艳的蓝色线。

丽绿刺蛾是1年发生2代的食害性害虫，低龄幼虫在叶片背面群生，取食为害叶片，只留下表皮。幼虫长大后分散开为害，有的将整个植株的叶片吃光。老熟幼虫在树干上做成圆形扁平的茧（→第60页），经过蛹阶段后羽化为成虫在叶片背面产卵，孵化的幼虫又取食为害叶片。盛夏以后老熟幼虫在茧中化蛹越冬。幼虫的毒刺毛和蜕皮壳上有毒，所以不能触碰。

防治技巧 >>

平时就要认真观察植株，发现叶片发白的线索时找到幼虫并捕杀；发现群生幼虫的叶片，就连枝剪掉一块儿进行处理。

幼虫长大后，药剂的防治效果就会变差，所以在其发生初期对整个植株喷几遍套阿涝可湿性粉剂。

冬天时若在树干的缝隙间和植株基部发现茧，就用木槌等敲碎。该虫在马醉木、光叶石楠、槭树、山茶、茶梅、樱花等庭院树类，梨、柿子、梅子、李、洋李、枇杷、杨梅等果树上也会发生。

发生时期

| 1 |
| 2 |
| 3 |
| 4 |
| 5 |
| 6 |
| 7 |
| 8 |
| 9 |
| 10 |
| 11 |
| 12 |

6-9：在虫害发生初期喷洒药剂

山茱萸科・落叶乔木

症状 2　在树干上附着用柔毛覆盖的浅褐色块状物

为害部位（树干、叶片）

在树干下部产的舞毒蛾卵块（供图：木村裕）。

原因

舞毒蛾

长大的黄褐色幼虫（图片是紫叶李）。

毛虫类，蛾的一种，是取食为害叶片的害虫
→第161页

　　除冲绳以外，舞毒蛾在日本全国都有分布，1年发生1代，广泛寄生于庭院树和果树等植物上。长大后为黄褐色，体长可达60毫米左右，取食量很大，如果放任不管，植株受害也会很严重。经过蛹阶段于7月中、下旬羽化的成虫在树干上产卵，以卵越冬。

防治技巧 >>

　　一旦发现树干上有卵块，就用竹刀等除掉。第2年春天，把群生着幼虫的叶片连枝一起剪掉并进行处理，捕杀树干上集中生存的低龄幼虫。毛虫类幼虫如果长大了，药剂的防治效果就差了，所以应在其发生初期喷洒拜尼卡J喷雾剂或拜尼卡S乳剂或噻虫胺·甲氰菊酯。

🔊 松软的棉花团？

　　所谓卵块就是成虫集中产卵堆成的块。舞毒蛾的卵块就像天鹅绒状的棉花团一样，在冬天看起来很暖和。

雌成虫（供图：木村裕）。

发生时期	
1	
2	
3	在虫害发生初期喷洒药剂
4	
5	
6	
7	
8	
9	
10	
11	
12	

整个叶片被白色粉状物质覆盖

为害部位（新梢、叶片）

像面粉一样的东西是真菌。

原因

白粉病

→ 第 153 页

由真菌引起的传染性病害

病害

在秋天的红叶上出现白色斑点。

　　若为害进一步发展，整个叶片会被白色霉层覆盖，皱缩弯曲。夏天高温期时发病轻微，初夏或初秋时雨少、持续阴天、比较冷凉且气候干燥时易发病。受害叶片上形成的孢子随风飞散，向周围扩散蔓延。

　　特别是大花四照花，秋天发生时会显著地影响美观，不能欣赏红叶。病原菌在受害的落叶上越冬，成为第 2 年的传染源。

防治技巧 >>

　　清理受害部位和发病的落叶，以切断传染源。避免密植，适当修剪，改善日照和通风环境。肥料施用过多易导致植株生长过于繁茂，所以要注意。若为害进一步发展，药剂的防治效果就会下降，所以在白色霉层刚出现的初期向整个植株喷洒拜尼卡 × 精佳喷雾剂或拜尼卡 × 乳剂（成分：氯菊酯·腈菌唑）或灭螨猛可湿性粉剂。

　　该病在绣球花、槭树类等植物上也会发生。

为害扩展的样子。在这之前就要用药剂防治。

发生时期

1
2
3
4
5
6
7
8
9
10
11
12

在发病初期喷洒药剂

大花四照花

山茱萸科·落叶乔木

在叶片背面群生着小虫子，叶片正面变成褐色
为害部位（叶片）

浅黄色的低龄幼虫。

长大的幼虫有长长的白毛。

原因

美国白蛾

毛虫类，蛾的一种，是食害性害虫 →第161页

害虫

叶片被网状的丝覆盖，正面变成褐色。产在叶片背面的卵于5月下旬孵化，幼虫吐丝做巢，群生的幼虫从叶片背面取食为害。随着幼虫长大而逐渐爬出巢分散开，大量取食为害叶片。以后，老熟幼虫在树皮裂缝等处经过蛹阶段变成成虫再产卵，8月下旬以后再变成幼虫进行取食为害，发生量大时会将整棵树的叶片吃光。该虫以蛹越冬，第2年春天羽化为成虫，继续繁殖为害。

防治技巧 >>

平时就要认真检查枝顶端有无拉丝做的巢，有无褐色的叶片，一旦发现就把群生幼虫的叶片连枝一起剪掉，这样处理的效果最好。在幼虫长大分散开为害之前进行处理是防治的关键。对每年易发生的树要特别留心观察。

包括毛虫在内的蛾类幼虫，若待其长大后再用药剂防治，效果就差了，所以要在其发生初期喷洒噻虫胺·甲氰菊酯或拜尼卡J喷雾剂或拜尼卡S乳剂。

有白色长毛是其特征

幼虫是细长的圆筒状，从侧线到背面是灰黑色，也有几乎都是黑色的，个体变异较多。虫体被白色长毛覆盖。

发生时期	
1	
2	
3	
4	
5	
6	在幼虫发生初期喷洒药剂
7	
8	
9	
10	
11	
12	

紫薇

千屈菜科·落叶小乔木

症状 1

叶片和蕾被白色粉状物质覆盖

为害部位（新梢、叶片、蕾）

在这之前早期发现是很关键的

为害进一步发展时被白色霉层覆盖的叶片和蕾。

原因

白粉病
→ 第153页

由真菌引起的传染性病害

病害

为害进一步发展时叶片起波浪的样子。

　　新梢、叶片和蕾上生有像涂了面粉一样的白霉，若为害进一步发展，整体会被霉层覆盖。初夏或初秋时雨少、持续阴天、比较冷凉且气候干燥时易发病。肥料过多导致枝叶生长过于繁茂，或密植导致日照和通风不良时易发病。病叶上形成的孢子，随风飞散向周围扩散传播蔓延。病原菌在受害的落叶上越冬，成为第2年春天的传染源。

白色斑点刚出现的发病初期，是喷洒药剂的适期。

防治技巧>>

　　清理受害部位和发病的落叶，以切断传染源。避免密植，适当修剪以改善通风环境。氮肥不能施用过多。若为害进一步发展，药剂的防治效果就会变差，所以要在白色霉层刚出现的发病初期，向整个植株喷洒拜尼卡 × 精佳喷雾剂或灭螨猛可湿性粉剂。

发生时期

1
2
3
4
5
6
7
8
9
10
11
12

在发病初期喷洒药剂

紫薇

千屈菜科·落叶小乔木

症状 2 在树干或枝上附着白色或紫褐色的像贝壳一样的东西　为害部位（树干、枝）

群生在树干上营固着生活的雌成虫。

原因

石榴刺粉蚧

害虫

附着性的介壳虫，是吸食植物汁液的害虫 → 第163页

草鞋状的幼虫。

　　属于粉蚧科的害虫，长卵形的雌成虫寄生并吸食植物汁液，发生量大时导致树势衰弱。其排泄物还可诱发煤污病（→第78页），有时可使树干或枝变成黑色。煤污病，尤其是在落叶后的冬天为害明显，极大地影响美观。

　　幼虫在6月中、下旬和9月上、中旬发生量大，在雌成虫的贝壳中孵化后便爬到外面吸食植物的汁液进行为害。

防治技巧 >>

　　平时就要认真观察枝干上有无贝壳状的东西附着。成虫的足退化营固着生活，可用刷子刷掉或用竹刀刮掉，或者连枝剪掉。冬天的落叶期介壳虫很容易被发现。在幼虫发生期的6月下旬或9月上旬喷洒拜尼卡X乳剂或奥鲁巧乳剂或噻虫胺·甲氰菊酯。噻虫胺·甲氰菊酯对越冬成虫也有效，可在1年中用于防治幼虫和成虫。

在空气污染的地方发生多

　　在道路附近因汽车排出尾气而污染空气的场所，因为介壳虫的天敌少，所以其发生量就多。在高速公路收费站树木生长繁茂的地方经常看到。

发生时期	
1	
2	
3	
4	
5	
6	幼虫发生期
7	
8	幼虫发生期
9	
10	
11	
12	

叶片和茎被黑色煤烟一样的东西弄脏了

为害部位（叶片、茎、新芽）

由害虫的排泄物引起的

滋生黑色霉菌的叶片。

原因

把树干覆盖成黑色的煤污病。

煤污病

由真菌引起的传染性病害 → 第154页

病害

越冬中的石榴刺粉蚧（→第77页）。

空气中的煤污病病原菌，是以寄生于植物的蚜虫、介壳虫等害虫的排泄物作为营养繁殖的。如果放任不管，叶片会被煤烟状的膜覆盖，致使光合作用受抑制，生长发育受影响。煤污病的防治，要首先考虑防治引起病害的害虫。另外，爬上树来寻找蚜虫、介壳虫排泄物的蚂蚁，是这些害虫发生的信号。

防治技巧 >>

改善通风和日照环境。一旦发现黑色煤烟状的霉菌，或有光泽排泄物，就寻找叶片和枝上的害虫并进行捕杀。目前在日本还没有用于防治植物煤污病的专用药剂。防治引起煤污病的蚜虫，可喷洒拜尼卡拜吉夫路乳剂；防治介壳虫，则可喷洒噻虫胺·甲氰菊酯或奥鲁巧乳剂。

发生时期

| 1 |
| 2 |
| 3 |
| 4 |
| 5 |
| 6 |
| 7 |
| 8 |
| 9 |
| 10 |
| 11 |
| 12 |

蚜虫、介壳虫的防治

紫薇

千屈菜科·落叶小乔木

症状 4 有黄绿色或黑色的小虫子群生在新芽或叶片上

为害部位（新芽、叶片）

在叶片背面群生的样子。

原因

蚜虫类

害虫

群生，是吸食植物汁液的害虫 → 第159页

在新芽上寄生的样子。

除紫薇以外，还在多种植物上发生。蚜虫类繁殖力旺盛，吸食植物汁液，影响植株生长发育。特别是春天新梢伸展时，蚜虫聚集在新芽顶端进行为害。发生量大时，影响新芽的伸展，叶片有的萎缩。通常成虫无翅，但是当生存密度大时就会出现有翅的个体，进而迁飞到别的场所再进行为害。夏天高温期时发生轻微。

防治技巧 >>

平时就要认真观察新芽和叶片，一旦发现就将其消灭。氮肥施用过多，会促使其发生，所以要适量施肥。生存密度大时药剂的防治效果就会变差，所以应在其发生初期向整个植株喷洒拜尼卡×精佳喷雾剂或拜尼卡拜吉夫路乳剂。

蚜虫类在溲疏、海棠、光叶石楠、夹竹桃、麻叶绣线菊、刺桐、皱皮木瓜、珍珠绣线菊等庭院树、杏、梅子、木瓜、柑橘类、樱桃、李、梨、枇杷、欧洲李、蓝莓、桃、苹果等果树和木本花卉上也会发生。近年来多数蚜虫产生了抗药性，所以要选不同类型的药剂轮换交替使用以提高防治效果。

发生时期 1 2 3 4 5 6 7 8 9 10 11 12

在虫害发生初期喷洒药剂

皱皮木瓜

蔷薇科·落叶灌木

→第156页

症状 1

在叶片正面有橙黄色圆形的斑点

为害部位（叶片、果实、新梢）

也要检查斑点的背面

形成直径为3毫米左右的凹陷斑。

原因

赤星病

病害

由真菌引起的传染性病害

从新叶展开之后就形成橙黄色的圆形斑点，斑点的背面生有灰褐色须状的毛是其特征。发病严重时几乎所有的叶片萎缩掉落，植株生长发育受阻。病原菌是"异种寄生"，在皱皮木瓜的受害叶片上形成的孢子随风飞散向周围扩散蔓延，在刺柏等圆柏类的叶片上越冬。第2年春天（4~5月），这些叶片上面的孢子在降雨时随风飞散再次侵染皱皮木瓜。

防治技巧 >>

及早去除病叶。避免密植，改善通风和日照环境，枝叶过于繁茂时适当进行修剪。在发病初期喷洒己唑醇。若皱皮木瓜附近有圆柏类植物，就在病原菌繁殖的3月下旬~5月下旬降雨前后，向圆柏类植物喷洒巴它酷可湿性粉剂，以防止病原菌向皱皮木瓜上传染。该病在海棠、老叶树、木瓜、东亚唐棣、梨树、花楸树、榅桲、苹果等树上也会发生。

惊人的孢子飞散距离

赤星病的孢子，随风飞散距离可达2千米。虽然很难防止感染，但是周围有圆柏类植物时就需要注意。

叶片背面呈胡须状的毛，从5月上、中旬开始出现。

发生时期	
1	
2	
3	
4	在发病初期喷洒药剂
5	
6	
7	
8	
9	
10	
11	
12	

症状 2　叶色失绿，成为飞白状
为害部位（叶片）

叶片背面
有小虫子

在叶片背面吸食汁液，致使叶片失绿的样子。

皱皮木瓜

蔷薇科·落叶灌木

原因

梨冠网蝽

在叶片背面吸食汁液的害虫

害虫

叶片背面的成虫和黑色的排泄物。

该虫在日本 1 年发生 2~4 代，因其像相扑行司用的指挥扇一样的有翅成虫（体长 3 毫米左右）在叶片背面吸食汁液，故又叫梨军配虫。其为害叶片形成的斑点的扩展不像叶螨为害那样均一，还残留黑色的排泄物。喜欢干旱的条件，从梅雨季结束后到秋天为害明显。成虫产卵于叶片中，孵化的黑褐色有刺状突起的幼虫也在叶片背面吸食汁液进行为害。在地表面的树皮下或杂草下或落叶下以成虫越冬，到第 2 年春天又开始进行为害。

被排泄物弄脏的叶片背面。

防治技巧 >>

　如果叶片出现白色小斑点，就把叶片背面的成虫或幼虫弄死。因为通风差时易发生，所以要适当修剪、整枝。冬天刮掉树干的粗皮，把落叶和杂草及时清理干净，减少害虫的越冬场所。在虫害发生初期喷洒斯米气奥乳剂，叶片背面也要充分喷洒到。多在海棠、梨、苹果、桃等蔷薇科的庭院树和果树上发生。

发生时期

| 1 |
| 2 |
| 3 |
| 4 |
| 5 |
| 6 |
| 7 |
| 8 |
| 9 |
| 10 |
| 11 |
| 12 |

在虫害发生初期喷洒药剂

东亚唐棣

蔷薇科·落叶乔木或灌木

症状
1 新芽或叶片上群生着黄绿色的小虫子

为害部位（新芽、叶片）

幼虫和成虫寄生于新芽的样子。

原因

蚜虫类

群生，是吸食植物汁液的害虫

→ 第159页

在叶片背面群生的样子。

蚜虫类繁殖力旺盛，吸食植物汁液，影响其生长发育。特别是春天新梢伸展时，该虫聚集在新芽顶端进行为害。发生量大时，会出现展开的叶片弯曲、新芽的伸展受到影响、有些叶片的展开推迟等现象。通常成虫无翅，当生存密度大时就会出现有翅的个体，移动到别的场所又进行为害。夏天高温时发生轻微。

防治技巧 >>

平时就要认真观察新芽或叶片，一旦发现虫子就及时消灭。氮肥一次性施多了就会促使其发生，所以要适时适量施肥。

当生存密度大时，药剂的防治效果就会变差，所以应在虫害发生初期喷洒拜尼卡马鲁到喷雾剂（成分：还原淀粉糖化物）或艾克皮特液剂（成分：还原淀粉糖化物），叶片背面也要细致地喷洒到。

 用糖化物防治害虫

蚜虫、叶螨等昆虫体侧有气门，通过这个气孔进行呼吸。使用糖化物的药剂，可利用药液堵塞气门而使害虫窒息死亡。如果喷洒不均匀，残存的害虫还会繁殖，所以要细致地喷洒。

发生时期

1
2
3
4
5
6
7
8
9
10
11
12

在虫害发生初期喷洒药剂

东亚唐棣

蔷薇科·落叶乔木或灌木

症状 2 叶片被稀薄的白色粉状物质覆盖
为害部位（叶片）

白色霉层出现的初期症状，也是喷洒药剂的适宜时期。

原因

白粉病

→ 第 153 页

病害

由真菌引起的传染性病害

若为害进一步发展，叶片的正面、背面被白色霉层覆盖，有的起波浪、有的弯曲，变成茶褐色，植株生长发育也受到影响。初夏或初秋时雨少、持续阴天、比较冷凉且气候干燥时易发病。另外，植株生长得过于繁茂，日照和通风差时也易发病。受害叶片上形成的孢子，会随风飞散向周围传播蔓延。病原菌在落叶上越冬，第2年春天孢子落到新叶上又进行侵染为害。

为害进一步发展，叶片有的起波浪，有的弯曲。

防治技巧 >>

及早去除病叶和落叶，以切断传染源。避免密植，枝叶过于繁茂时，就适当修剪，改善日照和通风环境。氮肥一次性不能施用过多。若为害进一步发展，药剂的防治效果就会变差，所以在白色霉层刚刚出现的发病初期，向整个植株喷洒拜尼卡马鲁到喷雾剂或艾克皮特液剂。

喜欢白粉病病原菌的瓢虫

瓢虫类中的黄瓢虫，其成虫、幼虫都以吃白粉病病原菌的菌丝而生活。

正在吃白粉病病原菌的黄瓢虫成虫。

发生时期

1
2
3
4
5
6
7
8
9
10
11
12

在发病初期喷洒药剂

海棠

蔷薇科·落叶灌木

症状 1 在叶片正面有橙黄色的斑点
为害部位（叶片、果实）

也要检查
叶片背面

在叶片正面的橙黄色斑点。

原因

赤星病

由真菌引起的传染性病害 →第 156 页

病害

斑点背面的须状毛。

在叶片正面有橙黄色的圆形斑点，叶片背面有灰褐色须状毛的就是赤星病。受害叶片不久就变黄脱落。

受害叶片上形成的孢子，飞散到附近的刺柏等圆柏类植物上越冬，第 2 年春天繁殖的孢子在 4~5 月时随风雨扩散，再传到海棠上（异种寄生）。雨多时易发病。

防治技巧 >>

及早去除病叶，避免密植，根据需要适当修剪，改善通风环境。

在周围避免栽植圆柏类植物，以切断病原菌的来源。目前，在日本没有用于防治海棠赤星病的专用药剂。若在附近有圆柏类植物，应在病原菌繁殖的 3 月下旬 ~5 月下旬的降雨前后，对圆柏喷洒巴它酷可湿性粉剂，以防止向海棠上传染。喷洒药剂时应喷到叶尖处会向下滴时为止，对整棵树细致地喷洒。在皱皮木瓜、东亚唐棣、梨、花楸树、木瓜、榅桲、苹果上也会发生。

发生时期

| 1 |
| 2 |
| 3 |
| 4 |
| 5 |
| 6 |
| 7 |
| 8 |
| 9 |
| 10 |
| 11 |
| 12 |

向圆柏类植物喷洒药剂

海
棠

薔薇科·落叶灌木

症状 2

新叶纵卷，里面
有虫子

为害部位（新叶）

纵卷的新叶（左）和里面群生着被棉状物覆盖的绿色虫子（右）。

原因

群生，是吸食植物汁液的害虫

山楂卷叶绵蚜

害虫

山楂卷叶绵蚜也叫苹果根绵蚜、苹果卷叶绵蚜，寄生于苹果、梨、山楂等树上，在卷叶中生存。虫体被白色棉状物覆盖是其特征。繁殖力旺盛，发生量大时新梢的生长受到影响，树势衰弱。

防治技巧 >>

把卷叶弄碎或连枝剪下并进行处理。氮肥不能施用过多。在其生存密度还不是很高时，以受害部位为中心，向整个植株喷洒内吸性的拜尼卡 × 精佳喷雾剂。

发生时期

| 1 |
| 2 |
| 3 |
| 4 |
| 5 |
| 6 |
| 7 |
| 8 |
| 9 |
| 10 |
| 11 |
| 12 |

在虫害发生初期喷洒药剂

症状 3

叶片和新芽被白色
粉状物质覆盖

为害部位（叶片）

受害而萎缩的新芽（左）和被白色粉状物质覆盖的叶片（右）。

原因

由真菌引起的传染性病害

白粉病

病害

↓第 153 页

若为害进一步发展，新芽萎缩，叶片萎缩，植株生长发育受影响。初夏或初秋时雨少、持续阴天、比较冷凉且气候干燥时易发病。受害叶片上形成的孢子，会随风飞散向周围传播蔓延。病原菌在落叶上越冬，第 2 年春天孢子又飞散到新叶上再侵染引起发病。

防治技巧 >>

把病叶和落叶清理干净，以切断传染源。适当修剪，改善日照和通风环境。氮肥不能施用过多。在发病初期喷洒拜尼卡 × 精佳喷雾剂或灭螨猛可湿性粉剂。

发生时期

| 1 |
| 2 |
| 3 |
| 4 |
| 5 |
| 6 |
| 7 |
| 8 |
| 9 |
| 10 |
| 11 |
| 12 |

在发病初期喷洒药剂

症状 4

叶片被丝黏合成圆筒形

为害部位（新梢、叶片）

原因

卷叶蛾类

害虫

蛾的一类，是取食为害叶片的害虫 →第164页

被黏合的叶片（左），里面有浅灰绿色的幼虫（右）。

发生时期

| 1 |
| 2 |
| 3 |
| 4 |
| 5 |
| 6 |
| 7 |
| 8 |
| 9 |
| 10 |
| 11 |
| 12 |

在虫害发生初期喷洒药剂

1年发生数代，幼虫从口中吐丝把叶片黏合起来，藏在里面取食为害叶片。春天时黏合新梢，夏天时黏合叶片，取食量大，如果放任不管，叶片会被吃得破烂不堪。

防治技巧>>

打开卷着的叶片，消灭其中的幼虫，或连叶片一块儿弄碎。因为幼虫行动敏捷，不要让其逃掉了。在虫害发生初期喷洒艾绿士悬浮剂，注意应使里面的虫子接触药液。

症状 5

树干或枝被细木屑覆盖

为害部位（成虫：新梢；幼虫：树干）

原因

梨眼天牛

害虫

甲虫的一种，是食害性害虫 →第162页

（供图：木村裕）

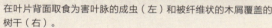

在叶片背面取食为害叶脉的成虫（左）和被纤维状的木屑覆盖的树干（右）。

发生时期

1	（幼虫）
2	
3	
4	
5	
6	（成虫）
7	
8	
9	
10	
11	
12	

黄白色圆筒形的幼虫（→第25页）在树干中取食为害，形成隧道状，弄出纤维状的木屑覆盖树干。幼虫会在树干中生活2年，6月上、中旬经过蛹阶段变成成虫（体长10毫米左右），弄伤新梢进行产卵。之后孵化的幼虫又钻入枝内并进行取食为害。

防治技巧>>

把排出木屑的枝剪掉，用细铁丝插进去把里面的幼虫捅死。一旦发现成虫就立即捕杀。枯死的树可成为天牛的栖息场所，所以要处理掉。目前，在日本还没有用于防治海棠梨眼天牛的专用药剂。

黄栌

漆树科·落叶乔木

叶片被面粉一样的东西覆盖着
为害部位（叶片）

为害进一步发展时，多数叶片变白的样子。

原因

白粉病

由真菌引起的传染性病害 →第153页

被白色霉层覆盖的叶片。

叶片生有像小麦粉一样的霉层，严重时整棵树的叶片被白色霉层覆盖。白粉病可在多种庭院树上发生，严重时植株光合作用受抑制，生长发育受阻。初夏或初秋时雨少、持续阴天、比较冷凉且气候干燥的天气易发病。夏天高温时发病轻微。肥料施用过多、生长过于繁茂、栽植过密、日照和通风差时易发病。在受害叶片上形成的孢子，会随风飞散向周围扩散蔓延。

防治技巧 >>

把受害的枝叶和落叶及早地去除，以切断传染源。避免密植，枝叶过于繁茂时就适当修剪，以改善日照和通风环境。氮肥一次性施用过多，植株生长过于繁茂，就易发病，所以要适量施肥。若在傍晚浇水，夜间树周围的湿度就会变高，第2天晴朗又干燥的条件下易发病，所以最好在中午前就浇完。为害进一步发展，药剂的防治效果就会变差，所以要在白色霉层刚刚出现时，向整个植株喷洒拜尼卡×精佳喷雾剂或灭螨猛可湿性粉剂。白粉病在绣球花、大花四照花、栎树、槭树类、金丝梅、紫薇、蔷薇等植物上也会发生。

发生时期

| 1 |
| 2 |
| 3 |
| 4 |
| 5 |
| 6 |
| 7 |
| 8 |
| 9 |
| 10 |
| 11 |
| 12 |

在发病初期喷洒药剂

粉团

忍冬科 · 落叶灌木

症状 1 叶片被取食为害，形成不规则的孔洞

为害部位（新叶）

叶片被取食为害成有很多孔洞的样子。

原因

珊瑚树金花虫

甲虫的一种，是食害性害虫

幼虫为黄褐色，虫体上有黑色的斑点，体长 10 毫米左右。

该虫在日本 1 年发生 1 代，是粉团（俗称雪球荚蒾）的主要害虫。4 月中、下旬孵化的幼虫，在新梢展开时取食为害新叶。发生量大时，几乎所有的叶片被吃得只剩下叶脉而破烂不堪，植株光合作用受抑制，树势衰弱，显著地影响美观。

幼虫老熟后落到地面，在土中化蛹，羽化的浅褐色成虫于 6 月上旬出现。雌成虫于 9~12 月在叶柄或枝的芽中产卵，并以卵越冬，到第 2 年春天孵化的幼虫又开始进行为害。

防治技巧 >>

平时就要认真观察，如果发现植株受害，就把受害叶片上的幼虫消灭，或者连叶片摘下一块儿处理掉。一旦发现成虫，就立即消灭。

目前，在日本还没有用于防治粉团珊瑚树金花虫的专用药剂。

除粉团外，该虫在珊瑚树上也会发生。

珊瑚树金花虫的成虫。

发生时期	
1	
2	
3	
4	幼虫发生期
5	
6	
7	
8	
9	
10	
11	
12	

粉团

忍冬科·落叶灌木

症状 2

叶片上有稀薄的白色粉状物质

为害部位 [叶片、新梢、花、（萼片）]

白色霉层刚稀疏出现时的初期症状。

原因

白粉病

↓ 第 153 页

由真菌引起的传染性病害

病害

叶片和新梢上生有像涂了小麦粉一样的白色霉层，为害进一步发展时，叶片全部被白色霉层覆盖。严重时叶片黄化，植株生长发育受抑制。雨少、持续阴天、比较冷凉且气候干燥时易发病。

防治技巧 >>

及时去除病叶和落叶，以切断传染源。避免密植，适当修剪，改善日照和通风环境。合理配方施肥。在发病初期可喷洒拜尼卡 × 精佳喷雾剂或灭螨猛可湿性粉剂。

症状 3

在枝上附着很多褐色的小虫子

为害部位（新芽、叶片、枝）

群生的幼虫和成虫，还有和蚜虫有共生关系的蚂蚁。

原因

蚜虫类

↓ 第 159 页

群生，是吸食植物汁液的害虫

害虫

蚜虫类繁殖力旺盛，吸食植物的汁液，影响植物生长发育。在春天新梢的伸展期，该虫聚集在新芽的尖端进行为害。发生量大时，新芽的伸展受到影响，如展开推迟。通常成虫无翅，当生存密度大时就会出现有翅的个体，移动到别的地方又开始进行为害。

防治技巧 >>

一旦发现就立即消灭。注意氮肥不能施用过多。在其生存密度增大之前的发生初期喷洒拜尼卡 × 精佳喷雾剂或拜尼卡拜吉夫路乳剂或斯米气奥乳剂。

毒豆

豆科·落叶乔木

症状

枝上附着白色棉状的东西

为害部位（新芽、叶片、枝）

发生时期　全年

原因

吹绵蚧

群生，是吸食植物汁液的害虫

害虫

→第163页

雌成虫的卵囊中含有很多卵，孵化的幼虫也在嫩枝或叶片上吸食汁液进行为害。

在日本登记的药剂

噻虫胺·甲氰菊酯、奥鲁巧乳剂

麻叶绣线菊

蔷薇科·落叶灌木

症状

在花梗上有黄绿色的小虫子

为害部位（叶片、枝、花梗）

发生时期　4~11月

原因

绣线菊蚜

群生，是吸食植物汁液的害虫

害虫

→第159页

吸食新梢或新叶的汁液，使新叶卷缩、畸形，影响植株正常的生长发育。发生量大时受害的叶片在夏天就脱落了。

在日本登记的药剂

拜尼卡 × 精佳喷雾剂

日本辛夷

木兰科·落叶乔木

症状

在枝干上附着白色甲壳状的东西

为害部位（枝）

发生时期　全年

原因

日本龟蜡蚧

吸食植物汁液的害虫

害虫

→第163页

介壳虫的一种，以半球形的雌成虫或星形的幼虫寄生于植物上进行为害。其排泄物还可诱发煤污病。

在日本登记的药剂

噻虫胺·甲氰菊酯、奥鲁巧乳剂

绣线菊

蔷薇科·落叶灌木

症状

为害部位（叶片、新梢）

叶片被丝黏合卷起来，里面有虫子

发生时期　5~10月

原因

卷叶蛾类

食害性害虫 →第164页

幼虫从口中吐丝把叶片黏合卷起来，在里面取食为害。春天黏合新梢，夏天黏合新叶，会把叶片吃光。

在日本登记的药剂
艾绿士悬浮剂

欧洲山毛榉

山毛榉科·落叶乔木

症状

为害部位（枝干）

枝干上有孔洞，从其中排出木屑

发生时期　幼虫：全年　成虫：6~9月

原因

天牛类

钻入枝干的食害性害虫 →第162页

被称为铁炮虫的乳白色幼虫在枝干中取食为害。严重时，有的枝折断、有的枝枯死。

在日本登记的药剂
目前还没有用于防治欧洲山毛榉天牛类害虫的专用药剂

锦带花

忍冬科·落叶灌木

症状

为害部位（新芽、叶片）

叶片上有黄绿色的小虫子

发生时期　4~10月

原因

蚜虫类

群生，是吸食植物汁液的害虫 →第159页

春天在新梢的伸展期，蚜虫类聚集在新芽的顶端吸食汁液进行为害。发生量大时，新芽不能正常伸展，叶片萎缩。

在日本登记的药剂
拜尼卡×精佳喷雾剂、拜尼卡拜吉夫路乳剂

台湾吊钟花

杜鹃花科·落叶灌木

症状

为害部位（叶片）

被黏合卷起来的叶片中有虫子

发生时期　5~10月

原因

卷叶蛾类

食害性害虫　→第164页

害虫

浅灰绿色的虫子从口中吐丝把叶片黏合卷起来，藏在里面取食为害。

在日本登记的药剂
艾绿士悬浮剂

夏椿

山茶科·落叶乔木

症状

为害部位（树干、枝）

树干或枝上附着白色贝壳状的东西

发生时期　全年

原因

角蜡蚧

吸食植物汁液的害虫　→第163页

害虫

体表被蜡质物覆盖，体长6~8毫米的雌成虫寄生于树干或枝上吸食汁液。其排泄物还可诱发煤污病。

在日本登记的药剂
噻虫胺·甲氰菊酯、奥鲁巧乳剂

卫矛

卫矛科·落叶灌木

症状

为害部位（叶片、新梢）

树的叶片被毛虫吃光了，只剩下枝

发生时期　4~6月

原因

大叶黄杨斑蛾

食害性害虫　→第161页

害虫

虫害发生初期，受害的新梢尖端变为茶色干枯，在叶片背面有浅黄色、体侧面有黑线的毛虫。

在日本登记的药剂
拜尼卡J喷雾剂、噻虫胺·甲氰菊酯

珙桐

山茱萸科 · 落叶乔木

症状

被黏合卷起的叶片中有虫子

为害部位（叶片、新梢）

发生时期　5~10 月

原因

卷叶蛾类

食害性害虫 →第164页

害虫

　　该虫在日本 1 年发生数代。幼虫从口中吐丝把叶片黏合卷起来，藏在里面取食为害。春天时黏合新梢，夏天时黏合叶片。

在日本登记的药剂
艾绿士悬浮剂

紫藤

豆科 · 蔓性落叶树

症状

在新芽和叶片上群生着小虫子

为害部位（新芽、叶片、枝）

发生时期　4~11 月

原因

蚜虫类

群生，是吸食植物汁液的害虫 →第159页

害虫

　　该虫在春天到秋天时发生，特别是新梢的伸展期，会聚集在新芽的尖端吸食汁液进行为害。夏天高温期时发生轻微。

在日本登记的药剂
拜尼卡 × 精佳喷雾剂、
拜尼卡拜吉夫路乳剂

紫叶李

蔷薇科 · 落叶乔木

症状

叶片皱缩卷曲，里面有小虫子

为害部位（新芽、叶片）

发生时期　4~6 月

原因

蚜虫类

群生，是吸食植物汁液的害虫 →第159页

害虫

　　体色为黄绿色，在新芽展开期寄生在皱缩的叶片中吸食汁液，影响植株生长发育。其排泄物还可诱发煤污病。

在日本登记的药剂
拜尼卡 × 精佳喷雾剂

丁香

木樨科·落叶乔木

症状 1

叶片微微变白

为害部位（叶片）

发生时期　5~11月

原因

白粉病

由真菌引起的传染性病害
→第153页

病害

为害进一步发展，叶片全部被白色的霉层所覆盖，有的起波浪、有的弯曲，最后变成茶褐色，严重影响植株正常的生长发育。

在日本登记的药剂
拜尼卡×精佳喷雾剂、灭螨猛可湿性粉剂

症状 2

被黏合卷起来的叶片中有虫子

为害部位（叶片）

发生时期　5~10月

原因

卷叶蛾类

食害性害虫
→第164页

害虫

该虫在日本1年发生数代。幼虫从口中吐丝把叶片黏合卷起来，藏在里面取食，把叶片为害得破烂不堪。

在日本登记的药剂
艾绿士悬浮剂

金缕梅

金缕梅科·落叶小乔木

症状

叶片被咬出孔洞，成为网目状

为害部位（叶片、花瓣）

发生时期　6~9月

原因

铜绿丽金龟

金龟甲类，是食害性害虫
→第160页

害虫

在土中孵化的幼虫为害根。以幼虫的状态在土中越冬，初夏时爬到地上部的成虫取食为害叶片或花。

在日本登记的药剂
目前还没有用于防治金缕梅铜绿丽金龟的专用药剂

珍珠绣线菊

蔷薇科·落叶灌木

→ 第159页

症状 1

发生时期　4~6 月

新梢上群生着黄绿色的虫子

为害部位（新梢、叶片）

原因

绣线菊蚜

害虫

群生，是吸食植物汁液的害虫

寄生于新梢或刚展开的叶片上吸食汁液，影响植株生长发育。4~6月发生量大，严重时受害叶片在夏天就掉落了。

在日本登记的药剂

拜尼卡 × 精佳喷雾剂、斯米气奥乳剂

症状 2

发生时期　4~11 月

被白色粉状物质覆盖，新芽皱缩

为害部位（新梢、叶片）

原因

白粉病

病害

由真菌引起的传染性病害

→ 第153页

新梢或叶片被白色霉层覆盖，有的皱缩、有的弯曲。初夏或初秋时在多数植物上发生，严重影响植株生长发育。

在日本登记的药剂

拜尼卡 × 精佳喷雾剂、灭螨猛可湿性粉剂

蜡梅

蜡梅科·落叶灌木

症状

发生时期　6~9 月

在叶片背面有体色为黄绿色、体背中间有线的毛虫

为害部位（叶片）

原因

丽绿刺蛾

害虫

蛾的一种，是食害性害虫

→ 第161页

低龄幼虫群生在叶片背面取食为害，受害部分变成白色。发生量大时，叶片可被吃光。

在日本登记的药剂

套阿涝可湿性粉剂

紫玉兰

木兰科·落叶灌木或乔木

症状

为害部位（新梢、叶片）

叶片弯曲，背面生有白色霉层

发生时期　4~11月

原因

白粉病

由真菌引起的传染性病害 →第153页

叶片全部被白色霉层覆盖，有的起波浪、有的弯曲、有的变成茶褐色。秋天发生时极大地影响美观。

在日本登记的药剂
拜尼卡 × 精佳喷雾剂、灭螨猛可湿性粉剂

榆树

榆科·落叶乔木

症状

为害部位（新梢、叶片）

叶片上有稀薄的白色粉状物质

发生时期　5~10月

原因

白粉病

由真菌引起的传染性病害 →第153页

发病严重时，叶片全部被白色霉层覆盖，有的叶片扭曲、有的新梢萎缩枯死，严重影响植株正常的生长发育。

在日本登记的药剂
拜尼卡 × 精佳喷雾剂、灭螨猛可湿性粉剂

大叶醉鱼草

马钱科·落叶灌木

症状

为害部位（叶片）

被黏合卷起的叶片中有虫子

发生时期　5~10月

原因

卷叶蛾类

蛾的一类，是食害性害虫 →第164页

被黏合卷起的叶片中有浅灰绿色的虫子。幼虫从口中吐丝把叶片黏合卷起来，藏在其中取食为害。

在日本登记的药剂
艾绿士悬浮剂

第 2 部分

果　树

柑橘类

芸香科·常绿灌木

在叶片上有像绘图一样的线
为害部位（叶片）

叶片弯曲皱缩。

叶片上有线条。

原因

柑橘潜叶蛾

蛾的一种，是食害性害虫

该虫是多种柑橘类的主要害虫。潜入叶片中的幼虫，边取食叶肉边行进，只留下叶片的上下表皮，使受害的部分呈现半透明的线，影响植株正常的生长发育。黑色的线是幼虫排出的粪便，白色线的尖端有浅黄色的幼虫。因为有这样的为害症状，所以通常将其称为绘图虫。该虫在日本1年发生5~7代，特别是在7~9月新叶展开时为害明显。有时新梢和果实也受害，在受害的叶片上有的发生粉蚧，有的被溃疡病的病原菌侵入等，是不能放任不管的害虫。

防治技巧 >>

一旦发现叶片上有白线，就把线顶端部分的幼虫用手指捏死。在盛夏新叶展期，要特别细心观察，及早发现。每年发生多的情况下，在幼虫发生初期向整棵树喷洒拜尼卡拜吉夫路喷雾剂或拜尼卡水溶剂或拜尼卡S乳剂。拜尼卡水溶剂对粉蚧也有好的防治效果。对溃疡病的预防，可喷洒圣波尔多（成分：碱式氯化铜）。

发生时期	
1	
2	
3	
4	
5	
6	喷洒药剂
7	
8	
9	
10	
11	
12	

柑橘类

芸香科·常绿灌木

叶片、枝被黑色的霉层覆盖

为害部位（叶片、枝）

生有黑色煤烟状的霉菌。

原因

煤污病

病害

由真菌引起的传染性病害 → 第154页

由煤污病导致发黑变脏的果实。

　　飘浮在空气中的煤污病病原菌，以附着在叶片或枝上的蚜虫、介壳虫等害虫的排泄物作为营养进行繁殖，在果树和庭院树等植物上发生。对于柑橘类，尤其是冬天时为害更加明显，并且这些为害多是由吹绵蚧引起的。如果放任不管，叶片被厚厚的煤烟状的膜覆盖，光合作用受抑制，发生量大时果实也变黑，影响植株正常的生长发育。

防治技巧 >>

　　一旦发现有黑色煤烟状的霉菌，就要观察有霉菌的叶片或枝上有无害虫，若有害虫就用竹刀等刮落，或者把群生害虫的叶片连枝一起剪掉并进行处理。因为柑橘类是常绿树、叶片密生，一旦为害扩展，除去枝叶上害虫的作业难度就大了，所以平时就要认真观察，及早发现及早处理。目前，在日本还没有用于防治柑橘类煤污病的专用药剂，要想防治引起煤污病的害虫，可向整个植株喷洒95号机油乳剂，冬天时稀释30~45倍，夏天时稀释100~200倍。防治蚜虫，可喷洒拜尼卡拜吉夫路乳剂。

发生时期

| 1 |
| 2 |
| 3 |
| 4 |
| 5 |
| 6 |
| 7 |
| 8 |
| 9 |
| 10 |
| 11 |
| 12 |

防治蚜虫、介壳虫

症状
3

叶片上有隆起的瘤状斑点
为害部位（叶片、果实）

有瘤状斑点的叶片（供图：田代畅哉）。

原因

疮痂病

由真菌引起的传染性病害

该病是由真菌引起的，是柑橘类植物的主要病害。特别是温州蜜柑等柑橘类、柠檬发病明显。叶片染病，在叶片正面有灰黄色到浅橙黄色隆起的瘤状斑点；果实易染病是从开花以后的花落到幼果开始生长的时期，严重时果实掉落，产量减少。另外，在7月以后染病果实上的病斑不是瘤状型，而是疮痂型。

带有疮痂型病斑的收获期的果实（供图：田代畅哉）。

防治技巧>>

一旦发现发病的叶片和果实，就迅速摘除。合理施肥，以免植株生长过于繁茂，适当修剪、整枝，改善日照和通风环境。

若春天新叶发病严重，就很难抑制病害向果实上蔓延，所以在新叶展开时就认真防治是很关键的。在叶片的展开期向整棵树喷洒苯菌灵可湿性粉剂。在落花期的5月上、中旬和幼果期的6月中旬也喷洒药剂，防治效果更好。

孢子随风雨传播扩散

病原菌在上一年发病的叶片上越冬，第2年春天繁殖的孢子随风雨向周围传播扩散，从刚展开的新叶表皮或伤口处侵染引起发病。

发生时期

1	
2	
3	
4	喷洒药剂
5	
6	
7	
8	
9	
10	
11	
12	

柑橘类

芸香科・常绿灌木

症状 4

叶片上有虫子，从叶缘处取食为害

为害部位（叶片）

有黑茶色和白色的斑纹，外观像鸟的粪便一样

取食为害叶片的低龄幼虫。

原因

凤蝶

蝶的一种，是食害性害虫

害虫

体色为绿色的老熟幼虫。

该虫寄生于包括柑橘类在内的芸香科植物上，是蝶的一种，幼虫先从叶缘处取食为害。若为害进一步发展，叶片会被吃得只剩下主脉，光合作用受到影响，树势衰弱。老熟幼虫不久就在周围的树木裂缝或建筑物的外墙壁等处化蛹，以后羽化成为鲜艳的成虫（凤蝶），在叶片背面单粒分散产卵，孵化的幼虫又取食为害。从春天到秋天，该虫在日本 1 年发生 2~6 代。

成长中的幼虫。

防治技巧 >>

平时就要认真观察，一旦发现就立即捕杀。特别是长大的幼虫，取食量大，在其暴食之前及早采取措施是防治的关键。比起大树来，还是正发新叶的幼树上易发生，所以更要注意。在虫害发生初期向整棵树喷洒拜尼卡水溶剂。

发生时期

| 1 |
| 2 |
| 3 |
| 4 |
| 5 |
| 6 |
| 7 |
| 8 |
| 9 |
| 10 |
| 11 |
| 12 |

在虫害发生初期喷洒药剂

症状 5

在新芽或叶片上群生着黑色的小虫子

为害部位（新梢、叶片、幼果）

在叶片背面群生的样子。

原因

柑橘黑蚜

蚜虫类，群生，是吸食植物汁液的害虫 →第159页

在新芽上群生影响植株正常的生长发育。

体长 2 毫米左右的黑色小虫子，群生在新梢和叶片上，繁殖力旺盛，特别是春天发生多时，新芽的伸展受影响，有些叶片的展开期推迟。该虫还可寄生在幼果上。通常成虫无翅，当生存密度大时就会产生有翅的个体，移动到其他场所再进行繁殖为害。

白色的蜕皮壳是虫害发生的信号。

防治技巧 >>

平时就要认真观察新芽和叶片，一旦发现就立即消灭。氮肥如果一次性施用过多容易促使其发生，所以要合理适时施肥。当其生存密度大时，药剂的防治效果会降低，所以应在发生初期喷洒拜尼卡拜吉夫路乳剂或拜尼卡水溶剂。

发生时期

| 1 |
| 2 |
| 3 |
| 4 |
| 5 |
| 6 |
| 7 |
| 8 |
| 9 |
| 10 |
| 11 |
| 12 |

在虫害发生初期喷洒药剂

柑橘类

芸香科・常绿灌木

症状 6

在枝叶上附着颜色如同赤小豆的虫子

为害部位（叶片、枝）

在枝上寄生的颜色如同赤小豆的雌成虫。

原因

红蜡蚧

附着性的介壳虫，群生，是吸食植物汁液的害虫 →第 163 页

害虫

吸食植物汁液，影响植株生长发育。在雌成虫的贝壳中孵化的幼虫，附着在新的枝叶上开始吸食汁液进行为害。该虫固定附着后足退化，在同一个场所度过一生。

防治技巧 >>

一旦发现有虫，就用刷子刷掉。在幼虫孵化期的 6 月下旬~7 月上旬喷洒 95 号机油乳剂，冬天时稀释 30~45 倍，夏天时稀释 100~200 倍。

发生时期

1 2 3 4 5 6 7 8 9 10 11 12

幼虫发生期

症状 7

在枝叶上群生着白色棉状的像贝壳一样的虫子

为害部位（叶片、枝）

在枝上群生为害的雌成虫（左）和抱有白色棉状卵囊的成虫（右）。

原因

吹绵蚧

移动性的介壳虫，是吸食植物汁液的害虫 →第 163 页

害虫

该虫在日本 1 年发生 2~3 代，是吸食植物汁液的害虫，发生量大时会导致枝干枯，还可诱发煤污病。看到棉状的东西是卵囊，里面有很多卵。多数介壳虫随着成长足就退化，在同一个场所度过一生，但是吹绵蚧即使变成成虫，足也不退化，是可移动的。

防治技巧 >>

虫害发生后用刷子等刷掉。在 6 月中、下旬和 8 月中、下旬喷洒 95 号机油乳剂，冬天时稀释 30~45 倍，夏天时稀释 100~200 倍。

发生时期

1 2 3 4 5 6 7 8 9 10 11 12

在幼虫发生期喷洒药剂

症状 8

叶片上有黑色小斑点或像水滴流动一样的斑点

为害部位（果实、枝、叶片）

枝叶和果实上有绿黑色的病斑。

原因

黑点病

由真菌引起的传染性病害

有黑点是其特征，也有些果实大部分变成红褐色。连续阴雨天果实和叶片难以晾干时易发病，6~7 月和 9~10 月时发病多。日照和通风不好时易发病。

防治技巧 >>

一旦发现染病枯枝，就立即除掉，适当进行修剪、整枝。如果用木箱栽培，就把它挪到雨淋不着的地方。在发病初期，细致地喷洒代森锰可湿性粉剂。

发生时期

1 2 3 4 5 6 7 8 9 10 11 12

症状 9

从地表面的树干上排出木屑和粪便

为害部位（树干、新梢）

从树干排出木屑的样子（无花果）。

在树干的近地表处缠上网，防止成虫产卵（槭树）。

原因

白点星天牛

钻入树干的食害性害虫

→第 162 页

被称为铁炮虫的乳白色幼虫在树干中取食为害。幼虫取食量大，如果放任不管，枝会陆续地枯死，严重时有的整棵树就枯死了。5 月下旬 ~7 月时发生的成虫，会把新梢的嫩皮呈环状弄伤进行为害，使枝的顶端萎蔫。

防治技巧 >>

捕杀成虫，处理受害的植株。对在树干内为害的幼虫，可向孔内喷射氯菊酯，要用专用的喷头喷射，一直喷到药液外流时为止。

发生时期

1 2 3 4 5（幼虫）6 7（成虫）8 9 10 11 12

无花果

桑科·落叶灌木或乔木

从树干中排出茶色的木屑或粪便

为害部位（枝干、新枝）

排出的木屑

若为害进一步发展，有的枝就折断了。

孔洞中潜藏着幼虫。

原因

黄星桑天牛

天牛类，是潜藏于树干中的食害性害虫 →第162页

从枝干中排出茶色的木屑和粪便，在枝干表面呈条状地附着，这是被称为铁炮虫的幼虫为害造成的。为害从夏天到秋天都可发生，幼虫在枝干中为害得像隧道一样的孔洞里边取食边成长。幼虫长大后体长可达 40~50 毫米，因为取食量很大，受害严重的枝干会出现折断，树就枯死了。

能像天牛这样对树造成这么大危害的害虫不多见，所以平时就要注意认真观察其发生情况。

防治技巧>>

从初夏到夏天，检查枝干上有无成虫，若有，就立即捕杀。枯死的树要及早进行处理。

如果看到有排出木屑和粪便的孔洞，先小心地把木屑除去，再用特殊的喷头插入孔洞中，向孔洞内喷射甲氰菊酯，一直喷到药液外流时为止，把孔洞中的幼虫消灭。目前，在日本用于防治无花果桑天牛幼虫的登记药剂为氯菊酯。

 幼虫在枝干中羽化

幼虫在枝干中变成蛹，以后羽化为成虫，爬到外面后把树皮的表面弄伤，进行产卵。孵化的幼虫再钻入树干中进行为害。

发生时期	
1	
2	
3	（幼虫）
4	
5	
6	（成虫）
7	
8	
9	
10	
11	
12	

柿子

柿科·落叶灌木或乔木

嫩叶向内侧卷曲

为害部位（叶片、果实）

叶片向上卷起，不久就变为褐色而掉落。

原因

柿管蓟马

蓟马类，是吸食植物汁液的害虫

害虫

刚展开的叶片向内侧卷曲，若为害进一步发展，叶片会变成褐色而脱落。在日本通常1年发生1代，在展叶期时寄生的越冬成虫使叶片变形，在卷叶内产卵。孵化的幼虫为橙色，体长2毫米左右。除吸食叶片的汁液外，还为害幼果，致使果实表面留下带状的褐色斑点。

不是卷叶虫，但是能卷叶并且藏在卷叶中，是蓟马类中很少见的类型。

防治技巧 >>

畸形的叶片很显眼，所以很容易发现，一旦发现就立即摘掉。冬天时刮掉枝干的粗皮，以减少在树皮下越冬的成虫数量。

从展叶期到幼果期，喷数遍药剂。因为成虫、幼虫都藏在卷叶中，所以可喷洒内吸性的拜尼卡水溶剂或奥特兰可湿性粉剂。

在树皮下越冬

6月上旬羽化，从卷叶中出来的成虫，在7月下旬会藏在树皮的缝隙中越夏，然后越冬直到第2年春天。该虫在日本岩手县以南的本州各地都有生存分布。

把叶片展开，里面有黑色的成虫和褐色的幼虫。

发生时期	
1	
2	
3	
4	在虫害发生初期喷洒药剂
5	
6	
7	
8	
9	
10	
11	
12	

柿子

柿科·落叶灌木或乔木

症状 2

在枝上附着直径 15 毫米左右像鹌鹑蛋那么大的东西

为害部位（叶片）

在茧中越冬

原因

刺蛾类

蛾的一类，是食害性害虫 →第161页

害虫

该虫在日本是 1 年发生 1~2 代的食害性害虫，食性很杂，广泛寄生于庭院树、果树，在直径 15 毫米左右的卵状茧中以化蛹前的状态进行越冬。

5 月前后出现的成虫在叶片背面产卵。成长中的幼虫取食量大，如果放任不管，有时整棵树的树叶被吃光，秋天时再做茧进行越冬。所以，看到茧就弄碎，以减少虫源基数。

防治技巧 >>

在落叶后的冬天容易发现，所以一旦看到树枝上附着的茧就用木槌等敲碎，减少第 2 年的发生源。幼虫发生期，一旦看到发白呈透明状的叶片就捕杀幼虫，把群生幼虫的叶片连枝一块儿剪掉并进行处理。

幼虫长大后药剂的防治效果就降低了，所以应在其发生初期即幼虫低龄时，细致地喷洒斯米气奥乳剂。

不能用手触碰幼虫

孵化的幼虫取食为害，只留下叶片表皮，所以使叶片呈现白色透明状，受害的部分很明显。幼虫的毒刺毛上有毒，所以不能用手触碰。

在叶片上的成虫（供图：木村裕）。

发生时期	
1	
2	
3	
4	
5	
6	在虫害发生初期喷洒药剂
7	
8	
9	
10	
11	
12	

柿子

柿科·落叶灌木或乔木

症状 3

果实的蒂部有虫粪便，或者果实腐烂落果

为害部位（果实）

从变色果实的蒂部排出粪便（供图：木村裕）。

原因

柿举肢蛾

蛾的一种，是食害性害虫

害虫

该虫在日本1年发生2代，是蛾类中的食害性害虫，是造成落果的原因之一。通常也称为柿蒂虫。6月中旬~7月上旬出现的低龄幼虫，从果实的蒂部钻入果实内取食为害，使果实变色。

防治技巧>>

在幼虫为害芽的6月上旬和8月上旬时，向果实蒂部或芽上细致地喷洒拜尼卡拜吉夫路喷雾剂或拜尼卡拜吉夫路乳剂或拜尼卡水溶剂或毛斯皮兰液剂（成分：啶虫脒）。

在幼虫发生初期喷洒药剂

1 2 3 4 5 6 7 8 9 10 11 12

症状 4

从口中吐出丝黏合卷叶，幼虫藏在里面

为害部位（叶片）

叶片被黏合卷曲（左），里面藏着幼虫（右）。

原因

卷叶蛾类

蛾的一类，是取食为害叶片的害虫

→第164页

该虫在日本是1年发生数代的害虫。幼虫头呈黑色，体色为浅灰绿色，把叶片黏合卷起来藏在其中为害。长大的幼虫体长可达20毫米左右，取食量很大，如果放任不管，叶片会被吃得破烂不堪。幼虫成熟后在卷叶中化蛹，以后羽化为成虫又在叶片背面产卵。

防治技巧>>

一旦发现就立即捕杀。因为幼虫行动敏捷，所以不要让其逃掉了。在虫害发生初期充分地喷洒赞塔里水分散粒剂（成分：BT菌的芽孢及结晶物）。

发生时期

在虫害发生初期喷洒药剂

1 2 3 4 5 6 7 8 9 10 11 12

柿子

柿科·落叶灌木或乔木

里面有幼虫

在枝上附着的棉状物和幼虫。

原因

碧蛾蜡蝉

寄生于植物吸食汁液的害虫

害虫

寄生于枝的成虫。

　　在枝上有棉状的蜡质物，里面有体长6毫米左右的虫子，一被触碰就快速地逃掉了，非常令人讨厌。盛夏时出现青白色扁平的成虫，随即寄生于各种各样的庭院树或果树，并吸食汁液进行为害。虽然成虫吸食汁液造成的危害轻微，但是幼虫分泌的棉状物附着在枝上，极大地影响植物的美观。到晚夏时，雌成虫把卵产在细枯枝的表皮或枝中。卵在第2年春天孵化出幼虫，又开始进行为害。

防治技巧 >>

　　该虫在枝叶拥挤、通风和日照差时易发生，所以应对过于繁茂的枝叶进行适当地修剪，以改善日照和通风环境。一旦发现棉状的幼虫就迅速捕杀。摇晃枝条或用手稍一触碰幼虫时，就快速地逃掉了，所以要迅速捕杀不能让其逃掉。目前，在日本用于防治柿子树碧蛾蜡蝉的专用药剂还没有。除为害柿子树外，碧蛾蜡蝉还广泛寄生于梅子、杏、柑橘类、花椒等果树，以及山茶、珊瑚木、金桂、绣球花、槭树、冬青卫矛等庭院树。目前，在日本用于防治碧蛾蜡蝉的专用药剂较少，已登记的药剂有拜尼卡×精佳喷雾剂。

发生时期

1
2
3
4
5
6
7
8
9
10
11
12

梅子

蔷薇科·落叶乔木

症状 1 在枝干上附着红褐色有光泽的球形东西

为害部位（树干、枝、叶片）

有光泽的红褐色球状物

寄生在枝干的成熟的雌成虫。

原因

日本球坚蚧

寄生于植物吸食汁液的害虫

→第 163 页

害虫

4~5 月出现，硬球形成熟的雌成虫和以后发生的幼虫通过吸食植物的汁液进行为害。发生量大时，使树势衰弱，其排泄物还可诱发煤污病，使枝叶和果实变成黑色，极大地影响美观和果实的品质。5月下旬~6月在雌成虫的贝壳中孵化的幼虫，爬出壳外寄生在叶片背面，在秋天落叶前移动到枝上，以老熟幼虫越冬。

防治技巧 >>

雌成虫的足退化，附着在枝上不能移动。一旦发现就用刷子等刷掉，或把受害枝剪掉。在靠近道路的场所或停车场附近空气不清新的地方，其天敌少，害虫易发生，所以要注意。在幼虫从成虫的壳中爬出来的发生初期（5月下旬~6月），可向整棵树细致地喷洒马拉硫磷乳剂。

🔊 **雌成虫光洁艳丽，很漂亮**

球形的介壳虫很稀少，表面有光泽，像宝石一样漂亮，但这也是害虫。近几年，因为这个虫为害而枯死的行道树有很多。

诱发煤污病，致使果实和叶片变黑变脏。

发生时期	
1	
2	
3	
4	
5	幼虫发生期
6	
7	
8	
9	
10	
11	
12	

梅子

薔薇科 · 落叶乔木

被取食为害变白的叶片。

原因

丽绿刺蛾

害虫

蛾的一种，是食害性害虫
→第161页

该虫在日本1年发生2代，低龄幼虫在叶片背面群生，取食为害得只留下叶片表皮，受害部分变为白色。幼虫体长10~25毫米，呈海参状，有突起。在成长过程中逐渐分散到整棵树上进行为害，发生量大时整棵树的叶片会被吃光。老熟幼虫在枝干上做茧化蛹，经过蛹阶段羽化的成虫在叶片背面产卵，孵化的幼虫又开始取食为害叶片。

防治技巧 >>

低龄幼虫，会群生于1~2片叶上。只要发现白色透明状的叶片就立即捕杀，或把群生着幼虫的叶片连枝一起剪掉并进行处理。冬天时，检查枝干的缝隙和植株基部，把越冬的茧用木槌等敲碎。发生量大的树上会有很多茧，把所有的茧都敲碎是最理想的。冬天时树叶都落了，也很容易被发现。目前，在日本还没有用于防治梅树刺蛾类的专用药剂。

要注意幼虫的毒刺毛

不要徒手接触受害部位。幼虫的毒刺毛有毒，一旦接触就会感到一阵阵的疼痛，但是疼痛程度比毒毛虫的毒性轻一些。

在叶片背面取食为害的若龄幼虫。

发生时期

| 1 |
| 2 |
| 3 |
| 4 |
| 5 |
| 6 |
| 7 |
| 8 |
| 9 |
| 10 |
| 11 |
| 12 |

症状 3

叶片有轮纹，花瓣出现斑驳

为害部位（叶片、花瓣）

供图：日本农林水产省横滨植物防疫所。

叶片出现浓淡相间的轮纹

花瓣上有浅红色的斑

有轮纹的叶片，新叶期该症状最明显。

原因

轮纹病（李痘病毒）

由病毒引起的传染性病害

叶片上呈现炸面圈状的轮纹，花瓣上有浅红色的斑。在杏树和桃树上也会发生。在欧美、亚洲等，已有在桃、李上发生而导致商品价值降低和由于落果而减产的报告。通过染病的苗或接穗而传染，从感染到发病需 3 年的潜伏期。

因为一旦发病就无法治疗，所以要彻底防治蚜虫等，想尽一切办法不使其感染是最重要的。

防治技巧 >>

在购买苗时，要选择健康的植株。如果怀疑可能被感染，就要迅速地和当地的植物检疫站联系，控制苗、切花、接穗的流通（种子和果实除外）。目前，在日本还没有用于防治该病的药剂。为防止感染，就要彻底防治蚜虫，在蚜虫发生期的春天和秋天，可向整棵树喷洒拜尼卡拜吉夫路乳剂或拜尼卡水溶剂。

如果发现就及时与植物检疫站联系

2009 年在日本首次被确认。如果有奇特症状，就与当地的植物检疫部门联系。花瓣上的斑，也并不是感染的植物都会表现此症状。

发生时期

1
2
3
4
5
6
7
8
9
10
11
12

梅子

薔薇科·落叶乔木

症状 4

新芽、新叶被丝黏合卷起来

为害部位（叶片）

卷起的叶片中藏着虫子。

原因

蒿黄卷蛾

卷叶蛾类，是取食为害叶片的害虫
→第164页

害虫

该虫为卷叶蛾类害虫。头呈黑色、体为浅黄绿色的幼虫，从口中吐丝把叶片黏合卷起来，藏在里面取食为害。若为害进一步发展，叶片会被吃得破烂不堪。

防治技巧 >>

平时就要认真观察有无被丝黏合卷起来的叶片，一旦发现就立即捕杀。在虫害发生初期细致地喷洒斯米气奥乳剂或赞塔里水分散粒剂。

发生时期
| 1 |
| 2 |
| 3 |
| 4 |
| 5 |
| 6 |
| 7 |
| 8 |
| 9 |
| 10 |
| 11 |
| 12 |

在虫害发生初期喷洒药剂（5~8）

症状 5

枝或树干上附着圆形白色贝壳状的东西

为害部位（枝、树干）

体长2~2.5毫米的圆形雌成虫，细长的贝壳是雄幼虫的茧（图为樱花树）。

原因

桑白蚧

附着性的介壳虫，是吸食植物汁液的害虫
→第163页

害虫

该虫在日本1年发生3代，是附着性的介壳虫，体长2~2.5毫米的圆形雌成虫寄生于植物吸食汁液进行为害。发生量大时，有的树干几乎被虫覆盖，不但影响美观，而且使树势明显衰弱。另外，还经常诱发膏药病，所以要注意。

防治技巧 >>

冬天时向树上喷洒95号机油乳剂。于幼虫发生期，在梅子采收之前向整棵树喷洒阿普劳得可湿性粉剂（成分：扑虱灵）。

发生时期
| 1 |
| 2 |
| 3 |
| 4 |
| 5 |
| 6 |
| 7 |
| 8 |
| 9 |
| 10 |
| 11 |
| 12 |

幼虫发生期（5~8）

梅子

蔷薇科・落叶乔木

症状 6

幼果上出现暗绿色的小斑点，之后变成绿黑色

为害部位（果实、枝）

有绿黑色病斑的发病果实（左），以及在新梢上呈现的红褐色斑点（右）。

原因

黑星病

由真菌引起的传染性病害

→第155页

病害

在幼果上形成暗绿色的小斑点是该病的初期症状，以后形成圆形的绿黑色病斑，进一步发展时有的果实裂开。在枝的新梢上形成红褐色的圆形斑点。

发生时期

1 2 3 4 5 6 7 8 9 10 11 12

在发病前喷洒药剂

防治技巧 >>

如果发现发病的果实或枝，就立即去除。一旦病害蔓延开了再防治，药剂的防治效果就很差了，所以应在5~6月的发病前，每隔7~10天喷洒1次苯菌灵可湿性粉剂。

症状 7

叶片生有像涂了小麦粉一样的白色霉层

为害部位（新梢、叶片）

叶片弯曲，被白色霉层覆盖。

原因

白粉病

由真菌引起的传染性病害

→第153页

病害

该病是梅子树由真菌引起的主要病害，雨少、持续阴天、比较冷凉且气候干燥时易发病。肥料施用过多导致植株生长过于繁茂、密植、日照和通风不好时也易发病。病叶上形成的孢子随风飞散，不断地向周围扩散蔓延。

发生时期

1 2 3 4 5 6 7 8 9 10 11 12

在发病初期喷洒药剂

防治技巧 >>

受害部位或病叶要及早去除。在白色霉层刚出现的发病初期，可向整棵树细致地喷洒拜尼卡马鲁到喷雾剂。

葡萄

葡萄科·蔓生落叶果树

症状 1

叶片或果实上附着暗褐色、中央呈灰白色的斑点

为害部位（叶片、新梢、果实）

果实上有直径为 2~5 毫米稍微凹陷的斑点。

新梢上的斑点也微微凹陷

原因

黑痘病

 病害

由真菌引起的传染性病害

4月下旬~5月上旬由风雨引起病原菌侵染，刚开始展开的新梢或嫩叶首先受到为害。叶片沿着叶脉呈现黑褐色的斑点，有的向内侧卷曲、有的畸形。另外，新梢上也有浅褐色的斑点，致使植株生长发育受影响，严重时顶端变黑枯死。如果在开花期或嫩的果实发病，则不结果实或幼果不膨大等，有的到采收期还不成熟。

防治技巧 >>

把受害的枝叶、落叶或落果及早去除，以切断传染源。适当修剪枝叶，改善日照和通风环境。用塑料薄膜遮雨栽培，防病的效果很好。病原菌在受害的枝叶、卷须或落叶中越冬，所以在冬天时向休眠期的整棵树喷洒苯菌灵可湿性粉剂或克菌丹可湿性粉剂或甲基托布津。

确认品种后再购买

类似鸟眼一样的病斑，是由英文 Bird's eye（鸟眼）rot 而来。欧洲系品种易发病、美国系品种发病少，所以要确认品种后再购买。

发生时期	
1	喷洒药剂
2	
3	
4	喷洒药剂
5	
6	
7	
8	
9	
10	
11	喷洒药剂
12	

葡萄科·蔓生落叶果树

症状 2

在叶片正面形成瘤，叶片背面变为褐色
为害部位（叶片）

叶面凹凸不平

叶片背面变成褐色

在叶片正面形成很多瘤。

原因

葡萄缺节瘿螨

寄生于植物吸食汁液的害虫

害虫

在叶片正面呈现半球形隆起的瘤，叶片背面变为褐色或暗褐色。体长 0.2 毫米左右的虫子吸食汁液，影响植株生长发育。该虫还是病毒病的传播媒介。在新梢的芽或粗皮下越冬的成虫，在叶片展开后很快就到嫩叶上寄生并繁殖，一直为害到秋天，特别是 5~7 月和 9 月为害明显。发生量大时叶片向背侧弯曲。叶面变得凹凸不平，所以很多人误认为这是病害，但该虫不会潜入叶片内部。

防治技巧 >>

受害后出现类似葡萄毛毡病的症状，不栽培易受害的品种是预防该虫害最关键的措施。

在往年易发生的地块，虽然多少有差异但还有易发生的倾向。所以平时就要认真观察，一旦发现受害叶片，就在虫害发生初期立即摘除并处理掉。

目前，在日本还没有用于防治葡萄缺节瘿螨的专用药剂。

有易发生的品种

该虫是寄生植物螨类的一种，通常也叫作毛毡病。特拉华、新麝香葡萄、贝利·麝香葡萄 A 等品种，易受害。

发生时期
1
2
3
4
5
6
7
8
9
10
11
12

葡萄

葡萄科·蔓生落叶果树

症状 3

果实或叶片上生有白色霉层，叶片有的皱缩、有的弯曲

为害部位（新梢、叶片、果实）

发病后形成的白色粉状物质像抹上的小麦粉一样。

原因

白粉病

↓第153页

由真菌引起的传染性病害

病害

发病的叶片上形成的孢子随风飞散，向周围扩散蔓延。初夏或初秋雨少、持续阴天、比较冷凉且气候干燥时易发病。

防治技巧 >>

把受害部位去除，以切断传染源，避免密植，适当进行修剪。白色霉层刚稀疏出现的时候，向整棵树喷洒拜尼卡马鲁到喷雾剂或苯菌灵可湿性粉剂。

发生时期

| 1 |
| 2 |
| 3 |
| 4 |
| 5 |
| 6 |
| 7 |
| 8 |
| 9 |
| 10 |
| 11 |
| 12 |

在发病初期喷洒药剂

症状 4

金龟甲群生在叶片上，叶片被吃得破烂不堪

为害部位（花、叶片）

成虫体表有光泽，翅上有绿色和褐色。

原因

日本丽金龟

↓第160页

金龟甲类，甲虫的一种，是食害性害虫

害虫

该虫在日本1年发生1代，从5月前后发生的成虫造成的危害会比较严重。叶片会被吃得破烂不堪，植株光合作用就会受抑制，树势变衰弱。成虫喜欢在有机质多的土壤中产卵，孵化的乳白色幼虫取食植物的根而成长。

防治技巧 >>

一旦发现就立即捕杀。因为也有从另外的植物上飞过来的，所以喷洒药剂时也要对周边的庭院树进行细致地喷洒。防治成虫可喷洒拜尼卡水溶剂。

发生时期

1	（幼虫）
2	
3	
4	
5	（成虫）
6	
7	
8	
9	
10	
11	
12	

枇杷

蔷薇科·落叶乔木

叶片有圆形灰白色的斑点

为害部位（叶片、果实）

叶片上出现多个斑点。

原因

灰斑病

由真菌引起的传染性病害

病害

叶片发病初期呈现浅褐色的小斑点，以后这些斑点变为灰白色，随着症状进一步发展，相邻的斑点融合起来逐渐变大，组织破裂而落叶。果实发病，果顶部附近像油浸了一样变色，出现柔软的病斑，如果放任不管果肉就会腐烂，产量也受到较大的影响。病原菌在病叶上越冬，第2年春天或夏天形成分生孢子向周围扩散蔓延。需要注意的是，该病传染源只限于越冬的病叶，从春天的病叶上出现的病斑不向周围传播蔓延。

防治技巧 >>

平时就要认真观察，只要确认受害就把病叶及早去除。枝叶过于繁茂、雨水飞溅时易发病，所以要适当修剪、整枝，改善日照和通风环境。如果对病叶和落叶放任不管，就会成为第2年的传染源，所以平时就要确认发病的迹象，把植株周围清理干净。

防治该病，可在春叶的6月上旬~7月上旬、夏叶的7月上旬~8月上旬喷洒拜路库特可湿性粉剂（成分：双胍辛烷苯基磺酸盐）或苯菌灵可湿性粉剂。

发生时期

1
2
3
4
5
6
7
8
9
10
11
12

喷洒药剂

桃

蔷薇科·落叶果树

症状 1

嫩叶像被烫了一样皱缩，变成红色或黄绿色

为害部位（叶片）

叶片有的膨胀、有的卷曲

顶端的叶片皱缩变形。

原因

缩叶病

由真菌引起的传染性病害

病原菌在芽附近越冬，其孢子附着在刚展开的新叶上侵染，萌芽期下雨多、湿度大时易发病。该病仅限于从萌芽期到展开期发生，以后不会发生二次侵染，从而向周围的叶片传播。在受害的叶片上形成的孢子，附着在第2年春天欲萌发的芽附近越冬。病叶呈木乃伊状，影响美观。

防治技巧 >>

萌芽期要仔细观察新芽，一旦发现皱缩的叶片就立即摘除。落在地上的病叶，会成为病原菌孢子繁殖的场所，所以要及早去除。

防止新叶被感染是很重要的，所以在萌芽前（发芽前）以新芽为中心向整个植株喷洒克菌丹可湿性粉剂。在5月底前把病叶摘除后，向整棵树喷洒福美双（成分：秋兰姆类）。

在庭院树碧桃上也感染

该病是初春病害的代表，在庭院树碧桃上也会发生。由于病原菌合成的植物激素会引起叶片的异常生长，使叶片畸形变色。

发生时期

1	
2	
3	在新叶的萌芽期喷洒药剂
4	
5	
6	
7	
8	
9	
10	
11	
12	

叶片刚展开后就变红了。

桃

蔷薇科·落叶果树

症状 2

在幼果上形成小斑点，随着成长果实裂开

为害部位（果实、枝）

原因

黑星病

→第155页

由真菌引起的传染性病害

病害

在果实上形成绿黑色的病斑。

在幼果上形成暗绿色的小斑点，以后斑点变为圆形并扩大成绿黑色的病斑。进一步发展时，有的整个果实裂开。在新梢上也会形成红褐色的圆形斑点。

防治技巧 >>

把发病的果实或枝去除，适当进行修剪、整枝，使枝叶不要混杂拥挤。在发病前的5~6月，每隔7~10天喷1次苯菌灵可湿性粉剂或百菌清。

发生时期

| 1 |
| 2 |
| 3 |
| 4 |
| 5 |
| 6 |
| 7 |
| 8 |
| 9 |
| 10 |
| 11 |
| 12 |

在发病前喷洒药剂

症状 3

从树干排出粪便或冒出树脂

为害部位（枝、树干）

原因

苹果透翅蛾

钻入树干中进行取食为害的害虫

害虫

把树脂刮去，里面藏着乳白色的幼虫

大量的虫粪和树脂混杂着冒出。

该虫在日本1年发生1代。5~9月出现的成虫在树皮的裂缝等处产卵，孵化的幼虫在浅树皮下取食为害的同时越冬，在早春继续取食为害，所以在树干中几乎全年都有幼虫。从受害部分产生的腐烂菌侵入枝干引起腐烂，受害严重的树就枯死了。

防治技巧 >>

从落叶后到萌芽前的休眠期，向排出粪便的部分喷洒杀螟松乳剂。把树皮刮去后涂上甲基托布津涂抹剂，以促进伤口的愈合。

发生时期

| 1 |
| 2 |
| 3 |
| 4 |
| 5 |
| 6 |
| 7 |
| 8 |
| 9 |
| 10 |
| 11 |
| 12 |

在休眠期喷洒药剂杀死幼虫

蓝莓

杜鹃花科·落叶灌木

症状 1

黄绿色的幼虫取食为害叶片，只剩下表皮

为害部位（叶片）

不要触碰有毒的毛

刺蛾的幼虫（供图：木村裕）。

原因

刺蛾类

蛾的一类，是食害性害虫 → 第161页

该虫在日本是1年发生1~2代的食害性害虫，成虫5月前后出现并产卵。黄绿色幼虫的食性很杂，广泛寄生于庭院树、果树等植物上。取食为害叶片，只留下表皮，所以受害部分变成白色透明状，非常明显。如果放任不管，有时整棵树的树叶被吃光。另外，幼虫的毒刺毛有毒，所以不能直接接触。该虫在日本全国各地都有分布。

防治技巧 >>

平时就要认真观察枝上是否有茧，如果发现就用木槌等敲碎，以减少第2年的虫源。冬天落叶后，很容易发现。在幼虫发生期，发现白色透明状的叶片就进行捕杀，或把群生着幼虫的叶片连枝剪掉一起处理。

幼虫长大后药剂的防治效果就变差了，所以在其发生初期的低龄阶段向整棵树喷洒代尔芬（成分：BT菌的芽孢及结晶物）水分散粒剂。

茧中有幼虫

在冬天枯枝上附着的茧，直径为15毫米，像鹌鹑蛋一样大。茧中有化蛹以前的幼虫，并以此进行越冬，所以在冬天要认真查找，一旦发现就将茧敲碎，尽可能地消灭越冬虫源。

发生时期

| 1 |
| 2 |
| 3 |
| 4 |
| 5 |
| 6 |
| 7 |
| 8 |
| 9 |
| 10 |
| 11 |
| 12 |

在幼虫发生初期喷洒药剂

蓝莓

杜鹃花科·落叶灌木

→第161页

症状 2

群生的毛虫取食为
害叶片

为害部位（叶片）

取食为害叶片的幼虫
（光叶石楠）。

发生时期

| 1 |
| 2 |
| 3 |
| 4 |
| 5 |
| 6 |
| 7 |
| 8 |
| 9 |
| 10 |
| 11 |
| 12 |

在幼虫发生初期喷洒药剂

原因

舞毒蛾

毛虫类，蛾的一种，是食害性害虫

开始时幼虫是在叶片上群
生，以后吐丝从枝上垂下，扩
散到整棵树，所以也叫作秋千
毛虫。长大的幼虫体长可达 60
毫米左右，取食量很大，危害
严重。

防治技巧 >>

捕杀幼虫或将有幼虫的
叶片连枝一起剪掉并进行处
理。毛虫类的幼虫长大后药
剂的防治效果就变差了，所
以应在其发生初期喷洒拜尼
卡拜吉夫路乳剂或拜尼卡水
溶剂。

症状 3

叶片被咬出圆形的
孔洞，从叶片上垂
下细长、圆筒形的
小袋

为害部位（叶片）

从叶片上垂下的小袋。

叶片被咬出圆形的孔洞，变为褐色干枯。

发生时期

| 1 |
| 2 |
| 3 |
| 4 |
| 5 |
| 6 |
| 7 |
| 8 |
| 9 |
| 10 |
| 11 |
| 12 |

原因

小窠蓑蛾（蓑虫）

蛾的一种，是食害性害虫

把附着在枝或叶片上细长圆筒
形的小袋剪开，里面有幼虫。该虫在
叶片上留下圆形的取食痕迹，叶片也
会干枯，通常 10 月下旬停止取食并
进行越冬。雄成虫羽化成为蛾，但是
雌的还是以黄白色的蛆虫在小袋中生
活，在里面能产 2000~3000 粒卵。

防治技巧 >>

认真检查枝或叶片
上是否附着小袋。一旦
发现就立即用剪刀剪掉，
以减少第 2 年的虫源。目
前，在日本还没有用于防
治蓝莓小窠蓑蛾的专用
药剂。

油橄榄

木樨科·常绿小乔木

从近地表面的枝干中排出木屑

为害部位（幼虫：树干；成虫：新芽、叶柄、树皮）

在树干中的这种幼虫（左），为害导致从地表面的树干中排出大量的木屑（右）。

原因

油橄榄象甲

甲虫的一种，是食害性害虫

害虫

幼虫低龄时在浅树皮下取食为害。随着成长钻入树干内部取食为害，并向外排出木屑。经过蛹阶段，变成暗褐色、体长为 15 毫米左右的成虫。发生量大时，幼树枯死，大树则树势衰弱，不结果实。成虫昼伏夜出，从春天到秋天把树皮咬出孔洞，在里面单粒产卵，孵化的幼虫再为害树干。该虫以幼虫或成虫进行越冬。

防治技巧 >>

成虫晚上出来活动，白天藏在植株基部的杂草、所栽植物、铺的稻草、落叶等下面，这些地方也是害虫的越冬场所。因此在 1 年生树的周围不要栽植植物，并彻底清除杂草，一旦发现成虫就立即进行捕杀。

在虫害发生初期，向成虫产卵的地面以上至 1 米左右范围的树干上喷洒拜尼卡拜吉夫路乳剂或拜尼卡水溶剂，可防治飞来产卵的成虫或幼虫。

为害大的是幼虫

近年来该虫发生较多，是油橄榄的主要害虫，乳白色的幼虫钻到树干中取食为害。成虫虽然也取食为害新芽、叶柄或树皮，但是不如幼虫的危害严重。

发生时期	
1	
2	
3	在成虫发生初期喷洒药剂
4	
5	
6	
7	
8	
9	
10	
11	
12	

成虫的翅上有隆起的点，呈列状排列着。

木樨科·常绿小乔木

症状 2

在枝或树干上有成堆的木屑

为害部位（枝、树干）

除去木屑，有孔洞露出

在地面以上1.5米左右处有成堆的木屑

防治技巧 >>

目前，在日本还没有用于防治油橄榄蝙蝠蛾的专用药剂。只把成堆的木屑除去，用细铁丝插入枝、树干的孔洞中把里面的幼虫捅死。

原因

蝙蝠蛾

蛾的一种，是食害性害虫

害虫

幼虫取食为害树皮，把木屑和粪便黏合形成大的块状物，也会在枝、树干内取食为害，将树干内部取食成孔洞。老龄幼虫体长可达60毫米以上，取食量很大，发生量大时有的枝干就折断了。

 幼虫吃地下的杂草而生长

该虫在上一年秋天树下的杂草上产卵，到第2年春天孵化出幼虫。幼虫开始时是吃树下的艾蒿、虎杖等杂草而生长。

发生时期

| 1 |
| 2 |
| 3 |
| 4 |
| 5 |
| 6 |
| 7 |
| 8 |
| 9 |
| 10 |
| 11 |
| 12 |

症状 3

叶片变为褐色腐烂

为害部位（叶片）

由于幼虫取食为害而变为褐色的叶片。

在叶片背面取食为害的幼虫（图为齿叶木樨）。

防治技巧 >>

5月上旬，一旦发现初期的受害叶片，就要及早处理。目前，在日本还没有用于防治油橄榄小褐伪瓢叶蚤的专用药剂。

原因

小褐伪瓢叶蚤

叶甲科的食害性害虫

害虫

该虫在日本1年发生1代。体长5毫米左右、扁平黄白色的幼虫于5月上旬孵化并潜入叶片表皮内取食为害，受害部位会像烫伤一样变为褐色腐烂。在黑色体表上有2个红斑、与瓢虫相似的成虫，7月时出现，在叶片背面进行为害，但是危害程度不如幼虫严重。

 到第2年春天时受害叶片还残留着

被取食为害的叶片，到第2年春天新叶出来时还是以受害的状态留在树上，特别是从秋天到冬天，会极大地影响美观。该虫在九州以北的日本各地都有生存分布，近年来危害严重。

发生时期

1	
2	
3	
4	
5	幼虫发生期
6	
7	
8	
9	
10	
11	
12	

梨

薔薇科・落叶小乔木

症状 1

在叶片正面有橙色的斑点

为害部位（叶片、果实）

在叶片背面生有灰褐色须状的毛。

原因

赤星病

→ 第156页

由真菌引起的传染性病害

病害

发病严重时引起落叶，幼果受侵染，会造成落果。在梨树上形成的孢子飘移到周围的圆柏类植物上，到春天时孢子再飘移到梨树上形成"异种寄生"，是非常麻烦且令人讨厌的病害。

防治技巧 >>

在发病初期喷洒克菌丹可湿性粉剂。如果附近有圆柏类植物，在3月下旬~5月下旬的降雨前后向圆柏类植物喷洒巴它酷可湿性粉剂，以防止梨树受侵染。

发生时期

1
2
3
4
5
6
7
8
9
10
11
12

在发病初期喷洒药剂

症状 2

在果实上有圆形黑色的斑点，生有煤烟状的霉层

为害部位（果实、枝、叶片）

有暗绿色斑点的叶片（左）和有绿黑色病斑的果实（右）。

原因

黑星病

→ 第155页

由真菌引起的传染性病害

病害

果实出现圆形黑色的斑点，生有煤烟状霉层的果实表面稍微凹陷。病斑部分变硬，如果进一步发展果实会变形，甚至整个果实裂开。新梢上形成的褐色圆形斑点呈疮痂状，嫩叶上出现暗绿色的病斑。梅雨季节时易发病。

防治技巧 >>

把发病的枝叶或果实迅速地处理掉，并进行适当修剪、整枝。在3~6月发病前，向整棵树细致地喷洒苯菌灵可湿性粉剂或克菌丹可湿性粉剂。

发生时期

1
2
3
4
5
6
7
8
9
10
11
12

在发病前喷洒药剂

症状 3

黄绿色的小虫子群生在新芽或叶片上

为害部位（新芽、叶片）

群生在叶片上进行为害的样子（供图：三轮正幸）。

原因

蚜虫类

害虫 →第 159 页

群生，是吸食植物汁液的害虫

该虫吸食植物的汁液，影响其生长发育，特别是在新梢伸展的春天，会聚集在新芽的顶端进行为害，发生量大时影响新芽伸展，有的叶片展开也推迟。

防治技巧 >>

一旦发现就立即消灭。在虫害发生初期，喷洒含有食品糖化物的拜尼卡马鲁到喷雾剂或拜尼卡水溶剂或拜尼卡拜吉夫路乳剂，叶片背面也要细致地喷洒到。

发生时期
| 1 |
| 2 |
| 3 |
| 4 |
| 5 |
| 6 |
| 7 |
| 8 |
| 9 |
| 10 |
| 11 |
| 12 |

在虫害发生初期喷洒药剂

症状 4

叶片背面有零星的黑色排泄物

为害部位（叶片）

寄生在叶片背面的像行司用的指挥扇一样的成虫和其黑色的排泄物。

原因

梨冠网蝽

害虫

网蝽类，是寄生于叶片背面吸食汁液的害虫

拥有像行司用的指挥扇一样的翅，体长 3 毫米左右的成虫寄生于叶片背面吸食汁液，使叶色变成飞白状，在叶片背面留下零星的排泄物。干旱时易促使其发生，特别是从梅雨季结束后到秋天时为害更加明显。成虫产卵于叶片中，以后孵化成黑褐色有刺状突起的幼虫，也寄生在叶片背面吸食汁液进行为害。

防治技巧 >>

查找成虫或幼虫进行捕杀。冬天时刮除树干的粗皮，清理田园，减少该虫的越冬场所。在虫害发生初期喷洒斯米气奥乳剂。

发生时期
| 1 |
| 2 |
| 3 |
| 4 |
| 5 |
| 6 |
| 7 |
| 8 |
| 9 |
| 10 |
| 11 |
| 12 |

在虫害发生初期喷洒药剂

苹果

蔷薇科·落叶灌木或乔木

→第162页

症状 1 从树干中排出木屑或树脂，堆积在植株基部

为害部位（树干）

从树干中排出木屑，堆积在树干基部。

原因

天牛类

害虫

钻入树干内取食为害的害虫

被称为铁炮虫的乳白色幼虫在树干中取食为害，所以从树干中冒出木屑或树脂是该虫发生的信号。为害进一步发展时，排出的大量木屑堆积在树干基部。幼虫长大后体长可达 50~70 毫米，取食量很大，枝在生长过程中有的折断、有的枯死。根据种类不同，有的 1 年发生 1 代，有的 2 年发生 1 代，以幼虫在树干中越冬。

防治技巧 >>

一旦发现成虫就立即捕杀。如果周围有该虫易寄生的树木，平时就要认真检查，查看树干是否有受害。对于被为害的树，如果放任不管，就会成为害虫的栖息场所，所以要及早处理。

一旦发现有粪便和树脂冒出的孔，就把木屑除去，用特殊的喷头插入孔洞中向里面喷射甲氰菊酯，一直喷到药液倒流为止，以杀灭孔洞内的幼虫。

在树干中生活的幼虫

幼虫在树干内经过蛹阶段，羽化为成虫爬到外面来，成虫损伤树皮后进行产卵，孵化的幼虫又钻入树干中再取食为害。

发生时期

1	
2	（幼虫）
3	
4	
5	
6	（成虫）
7	
8	
9	
10	
11	
12	

苹果

蔷薇科・落叶灌木或乔木

里面有虫子

叶片被黏合卷起的样子。

原因

卷叶蛾类

蛾的一类，是取食为害叶片的害虫 → 第 164 页

 害虫

叶片被黏合卷起，里面有头是黑色、体色为浅灰绿色的虫子。该虫在日本 1 年发生数代，幼虫从口中吐丝把叶片黏合卷起来，藏在其中取食为害，春天时黏合新梢，夏天时黏合叶片。幼虫长大后体长可达 20 毫米左右，取食量大，如果放任不管，叶片会被吃得破烂不堪。幼虫成熟后在叶片中化蛹，以后羽化为成虫又在叶片背面产卵。

从黏合卷起的叶片中出来的幼虫。

防治技巧 >>

平时就要认真观察有无被丝黏合卷起的叶片，一旦发现就将其打开消灭里面的幼虫，或者把黏合卷起的叶片弄碎以消灭幼虫。幼虫行动敏捷，所以一旦发现就不要使其逃掉。在 5 月虫害发生初期时发现并处理是防治的关键，可喷洒斯米气奥乳剂或赞塔里水分散粒剂。因为幼虫是在用丝黏合卷起的叶片中，所以药剂要充分细致地喷洒到。

 果树的天敌

除为害梅子、梨、樱桃等蔷薇科果树外，也为害柑橘类、蓝莓、柿子、葡萄、猕猴桃等果树。

发生时期

| 1 |
| 2 |
| 3 |
| 4 |
| 5 |
| 6 |
| 7 |
| 8 |
| 9 |
| 10 |
| 11 |
| 12 |

在幼虫发生初期喷洒药剂

苹果

薔薇科·落叶灌木或乔木

在幼虫发生初期喷洒药剂

症状 3

毛虫在叶片上群生取食为害

为害部位（叶片）

长有白毛的老龄幼虫（左）和被幼虫群生取食为害的叶片（右图为樱桃树）。

原因

舟形毛虫

害虫

毛虫类（蛾的一种），是食害性害虫
→第161页

该虫在日本1年发生1代，是苹果树的主要害虫。8月发生的成虫，在叶片背面产400粒以上的卵，孵化的暗红色幼虫群生大量取食为害叶片，有时可看到数片叶变成浅褐色并呈飞白状。

防治技巧 >>

应在幼虫还没有长至能分散开为害之前进行消灭。因为待其长大后药剂的防治效果就变差了，所以应在其发生初期喷洒拜尼卡拜吉夫路乳剂或拜尼卡水溶剂。8月下旬是喷洒的适期。

症状 4

黑病斑上生有煤烟状的霉层，表面稍微凹陷

为害部位（果实、叶片）

发病后有绿黑色病斑的叶片和果实。

原因

黑星病

病害

由真菌引起的传染性病害
→第155页

果实上出现绿黑色的斑点，斑点表面稍微凹陷，若为害进一步发展，果实有的变形、有的整个裂开。新梢上有黑色的斑点，叶片上有橄榄色的病斑。

6~7月雨量大时易发病，枝叶过于繁茂、通风和日照差时也易发病。

防治技巧 >>

一旦发现发病的果实或枝叶，就迅速去除，适当进行修剪。在发病初期，向整棵树细致地喷洒苯菌灵可湿性粉剂或克菌丹可湿性粉剂。

木瓜

薔薇科·落叶小乔木

叶片变成飞白状，上面群生着毛虫
为害部位（叶片）

群生的暗褐色幼虫

叶片上群生的低龄幼虫（图为樱花树）。

原因

舟形毛虫

毛虫类，蛾的一种，是食害性害虫 →第 161 页

该虫在日本 1 年发生 1 代，是木瓜、榅桲的主要害虫。孵化的暗红色幼虫群生取食为害叶片且取食量很大，枝间的几片叶被刚孵化的幼虫啃食，变成浅褐色的飞白状时才被发现。以后低龄幼虫从小枝的尖端向基部进行为害，随着长大，逐渐向整棵树的其他枝上分散开为害。发生量大时，树叶可被吃光。

防治技巧 >>

平时就要认真检查枝上有无呈飞白状的叶片，一旦发现就把群生着幼虫的叶片连枝一起剪下进行处理，会事半功倍。幼虫随着生长会分散开，为害就扩大了，所以在其分散开之前进行消灭是最重要的。对每年易发生的树，要特别留心观察。

如果幼虫长大了，药剂的防治效果就会变差，所以可在其发生初期可喷洒代尔芬水分散粒剂，喷洒适期为 8 月下旬。

可成长为体长达 50 毫米左右的毛虫

幼虫长大成熟后，成为有黑色白毛的毛虫。9 月中旬以后降到地面上在土壤中化蛹进行越冬，一直到第 2 年的夏天前都在土壤中生活。

发生时期

1
2
3
4
5
6
7
8
9
10
11
12

在幼虫发生初期喷洒药剂

木瓜

蔷薇科 · 落叶小乔木

症状 2

叶片上生有褐色的斑点

为害部位（叶片）

叶面上有褐色的斑点，枝上有暗褐色的斑点。

原因

芝麻斑病

由真菌引起的传染性病害

病害

该病在 5 月中旬发生显著。发病时，在叶片上形成褐色的斑点，在枝上形成暗黑色的斑点。若为害进一步发展，会造成落叶、树势衰弱。病原菌孢子随着风和雨水飞溅而传播蔓延。

防治技巧 >>

对于发病的枝或落叶，如果放任不管就会成为传染源，所以 1 年中要把植株周围清理干净。在易发病的 5~9 月喷洒百菌清，以防止其传播蔓延。

发生时期

| 1 |
| 2 |
| 3 |
| 4 |
| 5 |
| 6 |
| 7 |
| 8 |
| 9 |
| 10 |
| 11 |
| 12 |

在发病初期喷洒药剂

症状 3

在叶片上形成橙色的斑点

为害部位（叶片）

叶片上出现橙黄色的斑点，在叶片背面附着须状毛（右图为梨树）。

原因

赤星病

↓ 第 156 页

由真菌引起的传染性病害

病害

叶片正面出现橙黄色的斑点，叶片背面生有灰褐色的须状毛。严重时多数叶片萎缩、掉落，幼果发病会引起落果。在木瓜上形成的孢子可寄生在圆柏类的叶片上，第 2 年 4~5 月降雨时随风雨扩散再传染到木瓜上，形成"异种寄生"。

防治技巧 >>

在发病初期可喷洒氟菌唑可湿性粉剂。如果附近有圆柏类植物，可在 3 月下旬~5 月下旬的降雨前后向圆柏类植物喷洒巴它酷可湿性粉剂，防止侵染产生。

发生时期

| 1 |
| 2 |
| 3 |
| 4 |
| 5 |
| 6 |
| 7 |
| 8 |
| 9 |
| 10 |
| 11 |
| 12 |

在发病初期喷洒药剂

茱萸

山茱萸科·落叶或常绿灌木

症状

在新梢、叶片、枝上群生着浅黄绿色的虫子

为害部位（叶片、新梢、枝）

在叶片（左）和在枝上（右）群生的样子。

原因

钉毛蚜胡须子

→第159页

群生，是吸食植物汁液的害虫

新叶向正面有的卷曲、有的弯曲，不能正常展开。新梢的伸展也变差。附着在叶上的排泄物还会诱发黑色的煤污病，极大地影响美观。

防治技巧>>

从平时就要认真观察，一旦发现就立即消灭。枝、叶过于繁茂的场合，就适当进行修剪。在发生初期时喷洒拜尼卡马鲁到喷雾剂，叶背面也要细致地喷洒到。

发生时期

1
2
3
4
5
6
7
8
9
10
11
12

在发病初期喷洒药剂

猕猴桃

猕猴桃科·落叶藤本植物

症状

叶片发白，成为飞白状

为害部位（叶片）

被虫子吸食汁液，叶色变成飞白状（供图：木村裕）。

原因

猕猴桃叶蝉

在叶片背面寄生，是吸食植物汁液的害虫

成虫和幼虫寄生于叶片吸食汁液。飞白状的为害症状虽然和叶螨的相似，但是其排泄物可诱发煤污病，使叶片和果实变黑变脏，从这一点可区分开。

防治技巧>>

如果有白色的小斑点出现，就查找成虫或幼虫，找到后立即消灭。适当进行修剪，使枝叶不能过于混杂拥挤。在虫害发生初期向整个植株喷洒拜尼卡水溶剂，叶片背面也要细致地喷洒到。

发生时期

1
2
3
4
5
6
7
8
9
10
11
12

在虫害发生初期喷洒药剂

第 3 部分

蔷薇、铁线莲

蔷薇

蔷薇科·落叶灌木

叶面上有黑褐色的斑点

为害部位（叶片、枝）

如果放任不管叶片会黄化、掉落（左），叶面上有污垢状的斑纹（右）。

原因

黑星病

病害

由真菌引起的传染性病害 →第155页

在枝上形成暗黑色的病斑，在叶片上形成黑褐色污垢状的斑点，然后叶片就变黄掉落。病斑上形成的孢子，随风和雨水飞溅而向周围传播蔓延，所以降雨多的时候易发病。严重时几乎所有的叶片都落光，严重影响植株光合作用，树势显著衰弱。病原菌在茎或落叶上越冬，第2年春天繁殖又传染到新叶上，当年的受害情况就不用多说了，第2年的开花也会受影响。

防治技巧 >>

把受害的叶片或枝尽快处理掉，冬天时把庭院清理得干干净净。注意氮肥不能施用过多。

在发病初期可喷洒洒普劳路乳剂（成分：嗪胺灵）或苯菌灵可湿性粉剂或拜尼卡×精佳喷雾剂或拜尼卡X乳剂或拜尼卡×乃库斯特喷雾剂（成分：噻虫胺·氯菊酯·啶虫丙醚·甲氧基丙烯酸酯类杀菌剂·还原淀粉糖化物）。用不同种类的药剂交替喷洒，可有效避免产生抗药性。2月下旬~3月上旬在萌发前喷洒苯菌灵可湿性粉剂，可有效地防治越冬的病原菌。

蔷薇特有的黑星病

蔷薇的黑星病和其他果树类等植物上黑星病的病原菌不同，即使是在附近栽培也不会互相侵染。

发生时期	
1	
2	喷药进行预防
3	
4	
5	
6	
7	药剂应轮换着使用
8	
9	
10	
11	
12	

蔷薇

蔷薇科·落叶灌木

症状 2 叶片出现白色的斑纹

为害部位（新梢、叶片、蕾、花、花柄）

在叶片上发生

在蕾上发生

在花柄上发生

进一步发展时，叶片、蕾或花柄等被白色霉层覆盖。

原因

白粉病

→ 第153页

由真菌引起的传染性病害

在嫩叶、茎或蕾上生有像涂了小麦粉一样的白色霉层。病原菌在叶面上伸展菌丝，一部分侵入叶片内部，在吸取营养的同时传播蔓延，叶片有的扭曲、有的起波浪、有的掉落。一般夏天高温时发病轻微，初夏或初秋时雨少、持续阴天、比较冷凉且气候干燥时易发病。该病可能以病原菌的菌丝在芽中越冬。

防治技巧 >>

一旦发现受害的部分就立即剪掉，防止传染到周围的植株上。避免密植，进行整枝或修剪，以改善通风环境。氮肥不能施用过多，防止植株生长过于繁茂，因为枝叶生长过密时易发病。在白色霉层刚稀疏出现的发病初期，可喷洒拜尼卡×精佳喷雾剂或拜尼卡×喷雾剂或洒普劳路乳剂或苯菌灵可湿性粉剂或拜尼卡×乃库斯特喷雾剂，喷洒时一定要细致周到，并且选择不同的药剂轮换着使用，以避免产生抗药性。

梅雨季节下雨少的年份易发病

冷凉、稍微干燥的气候，特别是夜间湿度大、白天透干的干燥气候条件下容易发病。

发生时期 1 2 3 4 5 6 7 8 9 10 11 12

药剂应轮换着使用

受害后叶片扭曲的样子。

蔷薇

蔷薇科·落叶灌木

有污垢的红色斑点
为害部位（花瓣、蕾、茎、叶片）

花瓣逐渐变为褐色并开始枯萎，生有灰色的霉层。

原因

灰霉病

由真菌引起的传染性病害

病害

在白色品种的花瓣上出现红色斑点。

花瓣上出现小的斑点，进一步发展时就被灰色的霉层覆盖。该病也叫葡萄孢病，会在很多植物上发生。肥料不足或冷凉的天气、下雨多、持续阴天、湿度大的环境中易发病，日照和通风差、植物长势弱时也易发病。病原菌随着受害部分在土壤中越冬，第2年春天形成的分生孢子随风飞散传播蔓延。

发生时期

月
1
2
3
4
5
6
7
8
9
10
11
12

在梅雨季节易发病

防治技巧 >>

浇水、施肥等管理措施不当时易发病，所以平时就要认真地进行栽培管理。不要密植，改善日照和通风环境。开花后的花瓣，如果任其留着，腐烂后就会导致病原菌增加，向周围传播蔓延。发病的花和生有真菌的茎、叶片要及早摘除。氮肥施用过多会促使其发生，所以要注意。在发病初期细致地喷几次拜尼卡 × 精佳喷雾剂。引起灰霉病的病原菌是同一属同一种，除为害蔷薇外，还侵染蔬菜、庭院树、草本花卉、果树等植物，在蔷薇附近栽培会相互侵染，所以应根据需要对这些植物做好预防。

蔷薇

蔷薇科·落叶灌木

症状 4

在树干上有瘤

为害部位（根、树干）

土壤排水性差的易促使其发生。

原因

根癌肿病

由细菌引起的传染性病害

土壤中的细菌从栽植时或嫁接时形成的伤口侵入，把正常的细胞变成癌肿细胞而形成瘤，植物逐渐地衰弱。该病没有好的治疗方法，预防是最重要的。

防治技巧 >>

把健全苗的根在杀菌剂中浸泡 1 小时后再定植。把发病植株连同周围的土壤挖除，作业工具用热水消毒。在发病的土壤中不要栽植植物。

症状 5

在树干上有暗绿色的污垢状斑点

为害部位（树干、枝）

从地表处向上方发病。进一步发展时会引起落叶，有的甚至枯死（供图：植松清次）。

原因

疫病

由真菌引起的传染性病害

土壤中的病原菌侵染草本花卉、蔬菜等植物而引起该病。土壤排水性差的易发病，地表易积水的地块也易促使其发生。

发病严重的植株会枯死。病原菌即使是在枯死的枝叶中也能越冬，第 2 年成为传染源。

防治技巧 >>

使用嫁接苗，在排水良好的土壤中栽植，栽植时不要损伤根、茎。采用盆钵栽培时，可向土壤中灌注安美速水分散粒剂。

症状 6 有黄绿色的小虫子群生

为害部位（新芽、新叶、茎、蕾、花瓣等）

如果错过防治时机，有的花就不开了

寄生在开花前的蕾上吸食汁液。

附着在叶片上，有光泽的蜜露是其发生的信号。

附着在叶片上像垃圾一样的东西是蜕皮壳。

原因

蚜虫类

害虫

群生，是吸食植物汁液的害虫 →第159页

该虫从春天到秋天都会发生，特别是在新芽伸展的春天发生严重，群生，吸食植物的汁液。在夏天高温时发生减少。从春天到秋天雌成虫继续产下雌幼虫（卵胎生），所以繁殖力旺盛，寄生的部位影响植株正常生长，附着在叶片上的排泄物（蜜露）还会诱发煤污病（黑色的霉层），在叶片上留下的蜕皮壳极大地影响美观等，会造成多种为害。另外，蚜虫发生后，会有蚂蚁频繁地向新芽等处爬动，所以这个会成为蚜虫发生的信号。

防治技巧 >>

认真观察新芽、茎、蕾，一旦发现就立即消灭。附着在叶片上的白色蜕皮壳、煤污病、蚂蚁等是蚜虫发生初期的信号。氮肥一次性施用过多会促使其发生，所以要注意肥料的施用等栽培管理。当蚜虫生存密度高时，药剂的防治效果就会下降，所以在其发生初期可喷洒拜尼卡 × 精佳喷雾剂或拜尼卡水溶剂或拜尼卡 × 乃库斯特喷雾剂。把奥特兰颗粒剂（成分：乙酰甲胺磷·噻虫胺）撒在植株基部的浅土层中也有很好的防治效果。这些药剂有内吸性，药剂的有效成分被植物吸收后对蚜虫的持效期可达 1 个月。拜尼卡 × 乃库斯特喷雾剂也有物理防治效果，对已产生抗药性的蚜虫也有好的防治效果。

发生时期

1
2
3
4
5
6
7
8
9
10
11
12

在虫害发生初期喷洒药剂

薔薇

薔薇科·落叶灌木

大量取食叶片的幼虫。

幼虫受到刺激时，身体呈向后弯折的形状是其特征。

> 与青虫相似的绿色虫子

原因

红条三节叶蜂

叶蜂类，蜂的一种，是取食为害叶片的害虫

害虫

寄生在薔薇上的蜂的幼虫，是头呈褐色、体呈绿色，与青虫相似的虫子，会群生在叶片背面。该虫在日本1年发生3~4代，为害时期为5~11月。幼虫长大时体长可达20~30毫米，从叶片的边缘取食为害，最后只剩下叶脉。其取食量很大，发生量大时整棵树的叶片会被吃光。幼虫成熟后爬到地面，在土壤中化蛹，以后羽化为体呈橙色、具有黑翅的成虫。

产卵的成虫。

防治技巧 >>

一旦发现幼虫，就用筷子等将其夹住，取下后消灭。把群生幼虫的叶片剪下后处理掉，防治效果更好。如果发现在嫩枝上产卵的成虫，就立即捕杀。

幼虫耐药性较差，所以能简单地用药剂防治。在5月幼虫发生初期，可喷洒拜尼卡×精佳喷雾剂或拜尼卡×乃库斯特喷雾剂防治。

产卵的痕迹处以后会裂开

不仅幼虫取食为害叶片，成虫产卵也会对植株造成为害。成虫把嫩枝刺伤后再产卵，所以随着树的生长发育伤口会变成大的裂缝，病原菌也易从伤口处侵入，但成虫不会刺伤人。

发生时期

1
2
3
4
5
6
7
8
9
10
11
12

在幼虫发生初期喷洒药剂

蔷薇科·落叶灌木

在枝干上附着像白色贝壳一样的东西

为害部位（枝、树干、有时也寄生在叶片上）

白色贝壳状的东西密密麻麻地排列着

覆盖在树干周围寄生的雌成虫。

原因

蔷薇白轮蚧

圆蚧类（营固着生活），是吸食植物汁液的害虫。→第163页

雄的贝壳比雌的细长。

该虫在日本1年发生2~3代，被蜡质物覆盖的雌成虫在枝上寄生并吸食汁液进行为害。发生量大时枝干几乎被覆盖住，非常难看，树势也明显衰弱。幼虫在雌成虫的贝壳中孵化后再爬出来，很快找到适合它的场所后就固定下来，吸食汁液进行为害。

虽然主要以雌成虫进行越冬，但是也有2龄幼虫越冬的。

防治技巧 >>

平时就要认真观察枝上是否有贝壳状的东西附着。成虫的足退化后附着在枝、树干上不能移动，只要发现了，就用竹片刮掉或用牙刷等刷掉，或者把受害的枝剪掉。特别是冬天落叶期时，白色的贝壳很明显，正是人工防治的最佳适期。

对于冬天的雌成虫，可细致地喷洒噻虫胺·甲氰菊酯，这个药剂可渗透到贝壳中，而且其有效成分在冬天时可持续3个月，所以对早春孵化的幼虫还有持续药效。在6~7月及8~10月的幼虫发生期也可使用这种药。另外，对夏天孵化的幼虫，噻虫胺·甲氰菊酯的药效可持续1个月。

发生时期	
1	
2	
3	
4	
5	
6	幼虫发生期
7	
8	
9	
10	
11	
12	

薔薇

薔薇科·落叶灌木

症状 9 花瓣或叶片被为害得破烂不堪

为害部位（花、叶片）

被取食为害成有孔洞的花瓣。

原因

日本丽金龟

甲虫的一种，是食害性害虫 → 第 160 页

害虫

日本丽金龟的成虫取食为害花瓣。

虫体为白色的幼虫。

该虫在日本 1 年发生 1 代，为害以薔薇为主的庭院树，易取食为害白色或黄色系的花，有时可把花瓣或叶片为害得破烂不堪。根被幼虫取食为害后，夏天虽然进行了修剪，但是新芽长不出来，枝变细，叶片黄化而脱落，会出现浇水时植株晃动的症状，盆栽的会出现栽培土下沉的症状。成虫很容易从周围飞过来，所以很难防治。

防治技巧 >>

　　在虫害发生时期，要认真查找，也包括周边的植物，一旦发现成虫就立即捕杀，以减少虫源基数。因为成虫喜欢在腐殖土或未腐熟的堆肥等有机质含量多的土壤、使用有机质肥料多的地块或山间的开垦地或砂质土壤等处产卵，所以要注意。平时就要认真观察植株的生长发育、是否受害及浇水时植株是否摇晃等情况。因为也有从另外的植物上飞来的情况，所以对周边的庭院树等也要细致地喷洒药剂。对于成虫的防治，可喷洒拜尼卡 × 精佳喷雾剂或拜尼卡水溶剂或拜尼卡 × 乃库斯特喷雾剂或拜尼卡 R 乳剂（成分：甲氰菊酯）；对于幼虫的防治，可在植株基部的浅土层中撒施奥特兰颗粒剂，以消灭土壤中生存的幼虫。

发生时期

（幼虫）周年发生

1
2
3
4
5
6
7
8
9
10
11
12

（成虫）

蔷薇科·落叶灌木

症状 10 从地表面的树干处排出木屑

为害部位（幼虫：树干；成虫：新梢）

排出木屑是有幼虫的信号

幼虫在树干内部取食为害。

原因

白点星天牛

↓第162页

钻入树干中取食为害的害虫

通常也被称为铁炮虫，其乳白色的幼虫长大后体长可达 50 毫米以上，取食量很大。如果放任不管，树干从地表面处逐渐干枯，受害严重时整个植株都枯死。成虫会呈环状地刺伤新枝或嫩树皮进行取食为害，使枝尖端萎蔫。植株会像老树一样基部的树皮剥落，但附着土或有机物，所以难以区分是不是木屑。

防治技巧 >>

认真检查枝尖是否萎蔫、树干上有无成虫，一旦发现就立即捕杀。为防止成虫产卵，在地表面的树干上缠上网是很有效果的。

要想消灭钻入树干的幼虫，可使用氯菊酯，先把从树干中排出来的木屑除掉，再将专用的喷头插入有幼虫的孔洞中喷药，一直喷到药液逆流为止。

枯死的植株要立即处理

成虫喜欢在枯死的植株上产卵，所以枯死的植株会成为天牛的栖息场所，不要放任不管，要及早处理。

7月，成虫在地表面树干的树皮下产卵。

发生时期

（幼虫）7月～第2年4月

1
2
3
4
5
6 （成虫）5月下旬～7月
7
8
9
10
11
12

蔷薇

蔷薇科·落叶灌木

症状 11

叶片出现白色的斑点，叶色变成飞白状

为害部位（叶片）

整个植株的叶片全部变白。

发生量大时拉上类似蜘蛛编织的网。

像用针刺的一样有微小的白斑。

原因

叶螨类

蜘蛛的一类，是吸食植物汁液的害虫

害虫

叶螨寄生在叶片背面。

该虫广泛寄生于花卉、蔬菜、观叶植物、庭院树等植物，吸食植物的汁液进行为害。繁殖力旺盛，如果放任不管，有的拉上类似蜘蛛编织的网，影响植株生长发育，花的数量也会减少。喜欢高温、干旱的条件，相反地对湿度大的环境不适应，如果在叶片背面喷水，症状就能减轻。可随风向周围扩散，以成虫越冬。

该虫与在宠物或地毯上繁殖并引起特异性皮炎的螨不同。

防治技巧>>

平时认真检查叶片背面，要尽早发现。特别是在雨淋不着的屋檐下等地方，平时认真观察是很有必要的。避免密植，加强通风。

当发生量大了后再用药剂防治，效果就会变差，所以应在虫害发生初期喷洒几遍拜尼卡×精佳喷雾剂或拜尼卡R乳剂或乙螨唑。

因为高温干旱的条件易促使其发生，所以要在植株基部铺稻草等进行保湿，适当地浇水，防止过分干旱。

夏天高温时向叶片背面喷洒液体烟雾等进行加湿，可以抑制叶螨的繁殖。

发生时期

1
2
3
4
5
6
7
8
9
10
11
12

在虫害发生初期喷洒药剂

薔薇科 · 落叶灌木

蕾或新芽变黑干枯
为害部位（蕾、新芽）

受害后干枯、顶端下垂的蕾。

原因

薔薇象甲

象甲类（甲虫的一种），
是食害性害虫

害虫

该虫在日本 1 年发生 2~3 代，特别是蕾刚开始形成的 4~5 月发生显著。体长 3 毫米左右的黑色甲虫把蕾或新芽咬出孔洞进行为害或在里面产卵，使蕾的顶端下垂、变黑萎蔫，不久就干枯了。新芽的顶端变为褐色枯死。为害进一步发展，发生量大时花都不能开了。该虫也称为薔薇象鼻虫，近年来有为害加强的趋势。

防治技巧 >>

平时就要认真观察蕾或新芽，如果有受害的部分，就要找到成虫进行捕杀。受害的部分和落到地上的枝叶，都要及时清除干净。

在虫害发生初期向整个植株喷洒拜尼卡 × 精佳喷雾剂或拜尼卡 × 乃库斯特喷雾剂或拜尼卡 R 乳剂，或在植株基部的浅土层中撒施奥特兰颗粒剂。拜尼卡 × 乃库斯特喷雾剂等药剂喷洒后持效期可达 1~2 周，具有预防效果。

注意不能使其逃掉

一摇晃叶片，该虫就有落到地面的习性，所以可在地面铺上纸进行收集捕捉。把白棉线手套放到虫下面，或用起毛的材料缠薔薇象甲的足也能很容易地将其粘住。

为害蕾的成虫。

发生时期

| 1 |
| 2 |
| 3 |
| 4 |
| 5 |
| 6 |
| 7 |
| 8 |
| 9 |
| 10 |
| 11 |
| 12 |

在虫害发生初期喷洒药剂

蔷薇

蔷薇科·落叶灌木

症状 13

蕾被取食为害得像用刀挖了一样

为害部位（蕾、花瓣、新芽、嫩叶）

从被取食为害的部分渗出汁液。

蕾被咬出孔洞，新芽也被咬。

原因

尺蠖

蛾的一种，是食害性害虫

害虫

该虫在日本1年发生2~3代，灰褐色细长的幼虫，屈起时为倒U字形，一屈一伸地向前移动。昼伏夜出，白天附着在枝上不动，具有和枝相似的颜色，所以难以辨别，非常令人讨厌。蕾被取食为害得像刀挖了一样，新芽被咬食。

幼虫长大后体长可达60毫米左右，取食量很大，如果放任不管，植株的叶片可被吃得精光。该虫在本州以南的日本各地都有分布。

和枝成为一体化的幼虫（供图：木村裕）。

防治技巧 >>

平时就要认真检查蕾或新芽，一旦发现受害，就把藏在叶片背面或紧贴在枝上的幼虫找出来消灭。该虫有昼伏夜出的习性，白天静止的幼虫，就像枯枝一样，所以要细心查找进行消灭。

包括毛虫在内的蛾类幼虫，如果待其长大之后再用药剂防治，效果就降低了，所以应在虫害发生初期向整个植株喷洒奥特兰可湿性粉剂。

幼虫在土壤中越冬

幼虫变成蛹，以茧的形式在土壤中越冬。第2年春天变成成虫在叶片上产卵，孵化的幼虫再取食为害。其成虫是体色为褐色、翅展开为40毫米左右的蛾。

发生时期

| 1 |
| 2 |
| 3 |
| 4 |
| 5 |
| 6 |
| 7 |
| 8 |
| 9 |
| 10 |
| 11 |
| 12 |

在虫害发生初期喷洒药剂

蔷薇

蔷薇科·落叶灌木

症状 14 花瓣呈污垢状地变脏，边缘变为褐色

为害部位（花瓣）

整朵花被为害的样子（供图：木村裕）。

受害后出现褐色伤的花瓣。

原因

花蓟马

吸食植物汁液的害虫

受害的花瓣，边缘变色或萎缩，花瓣上出现大大小小的斑点。体长 1~2 毫米、体色为黑褐色或黄色的细长成虫或幼虫，把花瓣的尖端部刺伤后吸食汁液。该虫在日本温暖地区 1 年发生 10 代左右，在寒冷地区 1 年发生 4 代左右，7~9 月高温时为害显著。发生量大时几乎所有的花瓣都变脏，极大地影响美观。该虫从蕾膨大时就刺伤花瓣，发生量大时也侵入花中扩大为害。

雌成虫（供图：柴尾学）。

防治技巧>>

可利用花蓟马讨厌闪闪发光的习性，在土壤表面铺设反光膜，防止有翅成虫飞来。已开放的花应在适当的时期摘掉并进行处理。把周围开花的苜蓿等杂草除掉，预防花蓟马寄生。

一旦成虫侵入花中再防治就晚了，所以在蕾膨大刚要开放前，向整个植株喷洒拜尼卡 R 乳剂或拜尼卡 × 精佳喷雾剂。

已开放的花会成为花蓟马产卵的场所

花蓟马繁殖力旺盛，1 头雌成虫一共能产 500 粒卵左右。已开放的花是其繁殖场所，所以开的花不要长时间放置不管，应在适当的时期摘掉。

发生时期 | 在开花前喷洒药剂
1 2 3 4 5 6 7 8 9 10 11 12

蔷薇

蔷薇科·落叶灌木

症状 15

叶片出现白色斑点
呈飞白状

为害部位（叶片、花瓣、蕾）

叶片正面的受害症状（左）和在叶片背面群生的低龄幼虫（右）。

原因

甘蓝夜蛾

蛾的一种，是食害性害虫 → 第161页

害虫

在叶片背面群生浅绿色的幼虫，叶片被取食为害形成很多白色小斑点而呈飞白状。如果放任不管，整个植株的叶片可被吃光。成长的幼虫夜间出来活动，所以被称作夜盗虫。

防治技巧 >>

平时就要认真观察叶片，一旦发现叶片背面群生的幼虫就连叶片摘下一块儿处理掉。在虫害发生初期向整个植株喷洒奥特兰可湿性粉剂，叶片背面也要细致地喷洒到。

1 2 3 4 5 6 7 8 9 10 11 12

在虫害发生初期喷洒药剂

症状 16

像绘画一样形成褐色的线条

为害部位（新叶）

褐色的线条在叶片上扩展延伸，线条中有黑色的粪便。

原因

潜叶蛾类

蛾的一类，是食害性害虫

害虫

在叶片表皮下的幼虫取食叶肉只剩下上下表皮，边取食边行进，所以被称为绘图虫。被取食为害的部分呈半透明的线条状，植株的生长发育受到影响。黑点是幼虫的粪便，线条的尖端有浅黄色的幼虫。特别是4~5月新叶展开期受害严重。

防治技巧 >>

一旦发现褐色的线条，就把尖端的幼虫用手指捏死，新叶展开时要特别注意。目前，在日本还没有用于防治蔷薇潜叶蛾类的专用药剂。

1 2 3 4 5 6 7 8 9 10 11 12

铁线莲

毛茛科·落叶蔓生性植物

症状 1 叶片、茎等处生有像涂了小麦粉一样的白色霉层

为害部位（叶片、茎、蕾、花瓣）

蕾被侵染，花瓣弯曲不能正常开放。

叶片正面生有白色霉层。

原因

白粉病

由真菌引起的传染性病害 →第 153 页

病害

该病是由真菌引起的典型病害，在叶片上伸展的菌丝有一部分侵入叶片内部，边吸收养分边蔓延，植株正常的生长发育受到抑制。叶片有的扭曲、有的起波浪，严重时叶片呈茶色干枯，有的甚至枯死。其他的植物，往往视植物的叶片变脏了为发病重点，但是铁线莲的蕾受害时花瓣不能展开，受害更加严重。

防治技巧 >>

发现了受害部位或落叶，就要及时去除。避免密植，及时引缚蔓，改善通风环境。日照不好、浇水不及时、施肥不足、生长柔弱的易发病，所以要加强栽培管理。要注意氮肥不能一次性施用过多，防止枝叶过于繁茂。

在发病初期可喷洒灭螨猛可湿性粉剂或拜尼卡×精佳喷雾剂，细致地进行喷洒，一直喷到药液从叶尖处向下滴时为宜。

梅雨季节雨少的年份易发病

除去夏天高温期，初夏或初秋时雨少、持续阴天、比较冷凉而且气候干燥时易发病。在受害的叶片上形成孢子，随风飞散向周围传播蔓延。

发生时期

| 1 |
| 2 |
| 3 |
| 4 |
| 5 |
| 6 |
| 7 |
| 8 |
| 9 |
| 10 |
| 11 |
| 12 |

在发病初期喷洒药剂

铁线莲

毛茛科·落叶蔓生性植物

在叶片正面有褐色的，叶片背面有橙色的斑点

为害部位（叶片）

叶片背面有橙色斑点。

叶片正面出现褐色病斑。

原因

赤锈病

由真菌引起的传染性病害 →第 156 页

　　该病由真菌引起的铁线莲的主要病害，发病时在叶片正面形成褐色的斑点，在叶片背面形成橙色粒状的斑点。斑点以后破裂散发出橙黄色的孢子，向周围飞散而传播蔓延。严重时叶片萎蔫衰弱，不久就干枯了。

　　锈病的病原菌不仅在铁线莲上寄生，也在铁线莲和松树之间相互转移而使病害发生，称为"异种寄生"。

防治技巧 >>

　　一旦发现病叶就及时去除。湿度大时易发病。所以枝叶过于繁茂时就适当修剪，把枝进行引缚，改善通风环境。如果肥料施用过多，就容易造成枝叶过于拥挤，致使通风不良，所以要注意。如果近处有松树，要注意检查松树上的病害发生情况。目前，在日本还没有用于防治铁线莲赤锈病的专用药剂。

由于季节不同，病原菌的寄生植物会有所变化

　　病原菌从春天到夏天寄生于铁线莲，夏天以后侵染红松或黑松引起松类叶锈病，第2年春天，再侵染铁线莲进行为害。

发生时期

| |
|1|
|2|
|3|
|3|
|5|
|6|
|7|
|8|
|9|
|10|
|11|
|12|

症状 3

在新芽、蕾、叶片背面群生着小虫子

为害部位（新芽、蕾、叶片背面）

原因

蚜虫类

群生，是吸食植物汁液的害虫

→第159页

寄生在叶片背面吸食植物的汁液。

吸食植物汁液，影响其正常的生长发育，特别是从休眠到复苏的春天会聚集在新芽的尖端部为害。如果小的蕾上被寄生很多，就不能正常开花。夏天高温时发生轻微。

防治技巧>>

平时就要认真观察新芽或蕾，一旦发现有虫子就立即捕杀。在虫害发生初期可喷洒拜尼卡 × 精佳喷雾剂或拜尼卡水溶剂，当其生存密度大了之后再用药剂防治，效果就降低了。

发生时期
1 2 3 4 5 6 7 8 9 10 11 12
在虫害发生初期喷洒药剂

症状 4

花瓣或蕾被咬出孔洞，周围有光滑的线条

为害部位（花瓣、蕾、新芽、叶片）

原因

蛞蝓类

夜行性的食害性害虫

被茶甲罗蛞蝓取食咬出孔洞的花瓣（左）和其成虫（右）。

该虫取食为害柔软的花、蕾、新芽、叶片，夜间出来活动，白天藏在花盆底部或落叶下，即使发现受害，也很难找到，非常令人讨厌。在日本有多种蛞蝓，但平时常发生的有代表性的为茶甲罗蛞蝓，从秋天到第2年春天在土壤中产3毫米左右白色半透明的卵块，冬天时以成虫或卵越冬。

防治技巧>>

夜间用手电筒查找，也可利用其喜欢啤酒味而聚集的习性进行捕杀。在其生存的地块撒施毒纳特诱饵（成分：聚乙醛），即使遇到雨天该药的持效期也能维持1~2周。

发生时期
1 2 3 4 5 6 7 8 9 10 11 12
在其生存地撒施药剂

第 4 部分

防治方法和药剂使用方法

主要病虫害的发生规律

在树木的病虫害中，有些是多种树种共同发生的有代表性的病虫害。在这里讲一下它们的发生机理与规律。本书的第1~第3部分，对病虫害的症状实例和具体的防治方法，用图片加文字的形式浅显易懂地进行了讲解，再活用本部分内容，掌握各种病原的生活史，就能系统条理地对树木进行周年管理了。

在"生活史"这个专题中，讲述了每种病原菌或害虫如何进行生长、繁殖。为全面把握各种病虫害的发生时期和防治适期，请合理运用吧！

主要病害	主要害虫
白粉病→第153页	蚜虫类→第159页
煤污病→第154页	金龟甲类→第160页
黑星病→第155页	毛虫类→第161页
锈病→第156页	天牛类→第162页
炭疽病→第157页	介壳虫类→第163页
茶饼病→第158页	卷叶蛾类→第164页

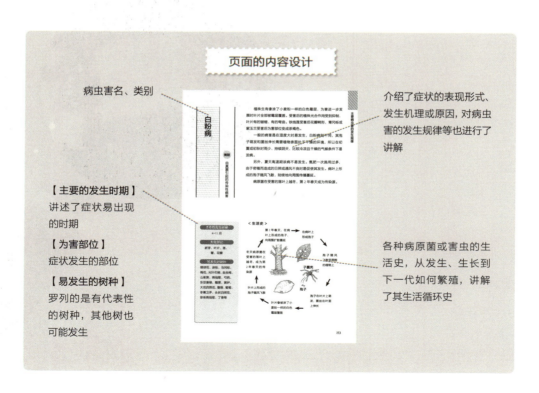

页面的内容设计

病虫害名、类别

介绍了症状的表现形式、发生机理或原因，对病虫害的发生规律等也进行了讲解

【主要的发生时期】
讲述了症状易出现的时期

【为害部位】
症状发生的部位

【易发生的树种】
罗列的是有代表性的树种，其他树也可能发生

各种病原菌或害虫的生活史，从发生、生长到下一代如何繁殖，讲解了其生活循环史

白粉病

类别

由真菌引起的传染性病害

植株生有像涂了小麦粉一样的白色霉层，为害进一步发展时叶片全部被霉层覆盖。受害后的植株光合作用受到抑制，叶片有的皱缩、有的弯曲。铁线莲受害后花瓣畸形，青冈栎或紫玉兰受害后为害部位变成茶褐色。

一般的病害是在湿度大时易发生，白粉病则不同，其孢子萌发和菌丝伸长需要植物表面处于干燥的环境，所以在初夏或初秋时雨少、持续阴天、比较冷凉且干燥的气候条件下易发病。

另外，夏天高温期该病不易发生。氮肥一次施用过多，由于密植而造成的日照或通风不良时易促使其发生。病叶上形成的孢子随风飞散，陆续地向周围传播蔓延。

病原菌在受害的落叶上越冬，第 2 年春天成为传染源。

主要的发生时期

4~11 月

为害部位

新芽、叶片、茎、蕾、花瓣

易发生的树种

绣球花、麻栎、乌冈栎、梅花、光叶石楠、金丝梅、山茱萸、绣线菊、芍药、东亚唐棣、醋栗、黄栌、大花四照花、蔷薇、葡萄、冬青卫矛、头状四照花、珍珠绣线菊、丁香等

< 生活史 >

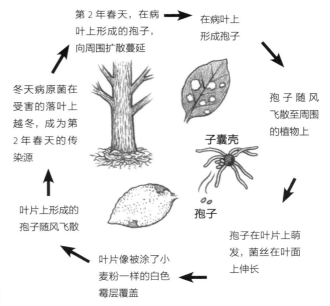

第 2 年春天，在病叶上形成的孢子，向周围扩散蔓延

在病叶上形成孢子

冬天病原菌在受害的落叶上越冬，成为第 2 年春天的传染源

孢子随风飞散至周围的植物上

子囊壳

孢子

叶片上形成的孢子随风飞散

孢子在叶片上萌发，菌丝在叶面上伸长

叶片像被涂了小麦粉一样的白色霉层覆盖

煤污病

类别

由真菌引起的传染性病害

发病时，叶片、枝、果实等被煤烟状的黑色霉层覆盖。空气中的煤污病病原菌以蚜虫、介壳虫、粉虱等的排泄物（蜜露）作为营养进行繁殖。

如果放任不管，叶片会被厚厚的煤烟状的霉层覆盖，植株光合作用受到抑制，影响正常的生长发育。该病的病原菌不侵入植物体内，不吸收植物的营养，因此不作为植物病害（农业病害）来对待。目前，在日本还没有用于防治煤污病的专用药剂。

引起该病的主要原因是害虫，所以防治害虫是很重要的。另外，日照和通风不好时易促使其发生，所以要改善植株生长发育的环境。

对于柑橘类的为害，在冬天最为显著，并且大多数是由介壳虫引起的。对于月桂树等叶片密生的常绿树，一旦为害扩展开，害虫的防治就很难了。

主要的发生时期

全年

为害部位

叶片、枝、
树干、果实

易发生的树种

杏、梅子、柿子、银叶金合欢、栀子、月桂树、茶梅、紫薇、毛序石斑木、山茶、刺桐、梨、蔷薇、枇杷、葡萄、冬青卫矛、松树、细叶冬青、八角金盘、杨梅、苹果等

＜生活史＞

蚜虫、介壳虫等的排泄物（蜜露）附着在叶片上

排泄物

叶片上生有煤烟状的黑色霉

形成的孢子向周围扩散蔓延，以害虫的排泄物作为营养进行繁殖

如果放任不管，叶片会被厚厚的煤烟状的霉层覆盖

黑星病

类别

由真菌引起的传染性病害

枝上形成暗黑色的病斑，叶片出现黑褐色污垢状的斑点，以后叶色变黄而掉落。

在传染过程中，首先是孢子在叶片上萌发，菌丝伸长后侵入植物体内，侵入的菌丝伸展吸取植物的营养。在发病部分出现病斑，病斑上又形成孢子，随风或雨水的飞溅向周围传播蔓延，所以梅雨季节或秋雨时湿度大的环境中易发病，夏天高温时发病轻微。

若为害进一步发展，植株就陆续地落叶，严重时所有的叶片落光，植株光合作用受抑制，树势显著衰弱，当年的受害情况就不用说了，还会影响第 2 年的开花。病原菌在染病的茎或发病的落叶上越冬，第 2 年春天再进行繁殖又传染新叶。

主要的发生时期

5~7 月、9~11 月

为害部位

叶片、枝

易发生的树种

蔷薇（与其他庭院树、果树类发生的黑星病的病原菌不同）

< 生活史 >

枝上有暗黑色的病斑；叶片出现黑褐色污垢状的斑点，然后变黄而掉落

菌丝伸展吸取植物体内的营养，染病的部分出现病斑，病斑上再形成孢子

侵入菌丝
孢子

病斑上形成的孢子，随风或雨水飞溅而向周围传播蔓延

飞散的孢子落到叶片上又开始萌发，菌丝伸长后侵入植物体内

※ 由锈病病原菌引起的赤星病、赤锈病

类别

由真菌引起的传染性病害

在叶片正面形成锈色的斑点，叶片背面有橙黄色稍微隆起的小斑点。小斑点不久就破裂，散出橙黄色粉状的孢子向周围传播蔓延。

为害蔷薇、金丝桃、胡枝子等的病原菌只在同一植物上反复寄生，但是圆柏类发生的锈病，其病原菌冬天在中间宿主圆柏类上越冬，第2年春天在这上面形成的孢子会侵染海棠、木瓜、梨树、皱皮木瓜、榅桲等树诱发赤星病，形成异种寄生。

同样地，秋天寄生在红松、黑松上诱发松类叶锈病的病原菌，第2年春天侵染铁线莲诱发赤锈病。

温度较低、降雨持续的气候条件下，再加上肥料不足，植株长势弱时易发病。

主要的发生时期

5~10月

为害部位

叶片、果实、枝

易发生的树种

锈病：红松、女贞、槐树、刺柏、金桂、黑松、樱花、皋月杜鹃、杜鹃、蓉花树、胡枝子、圆柏、无花果、醋栗、葡萄

赤星病：海棠、皱皮木瓜、梨、木瓜、榅桲

赤锈病：铁线莲

< 生活史 >

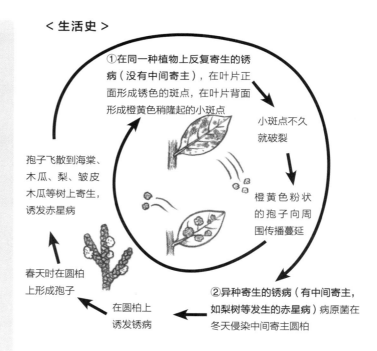

①在同一种植物上反复寄生的锈病（没有中间寄主），在叶片正面形成锈色的斑点，在叶片背面形成橙黄色稍隆起的小斑点

小斑点不久就破裂

橙黄色粉状的孢子向周围传播蔓延

②异种寄生的锈病（有中间寄主，如梨树等发生的赤星病）病原菌在冬天侵染中间寄主圆柏

在圆柏上诱发锈病

春天时在圆柏上形成孢子

孢子飞散到海棠、木瓜、梨、皱皮木瓜等树上寄生，诱发赤星病

炭疽病

类别

由真菌引起的传染性病害

在叶片上形成圆形、有褐色晕圈的灰色斑点，随着叶片的生长病斑破裂形成孔洞。该病是在庭院树、果树等植物上发生的病害，日照差和通风不良，温度高时易发病。

在受害部位的病斑上形成黑点或粉红色的孢子块，随着雨水或浇水飞溅向周围传播蔓延。病原菌从日灼处、叶片的受伤处或害虫为害处等长势弱的部位侵染繁殖并诱发病害。

柿子树发病时，在果实上出现黑色的小斑点，逐渐扩大形成圆形的病斑；在枝上出现稍微凹陷、暗褐色的斑点。病原菌到冬天在受害的病斑上或土壤中越冬，到第 2 年春天再繁殖侵染健全的植株。

主要的发生时期

4~11 月

为害部位

叶片、枝、果实

易发生的树种

珊瑚木、绣球花、无花果、梅子、柿子、夹竹桃、樱花、石楠花、山茶、台湾十大功劳、厚皮香、八角金盘等

< 生活史 >

第 2 年春天在病斑上形成孢子，再侵染健全的植物

在叶片上形成有褐色晕圈的灰色斑点

叶片老化后病斑破裂形成孔洞

冬天时在染病部位的病斑上或土壤中越冬

孢子

在日灼、叶片摩擦损伤或害虫为害等处侵染发病

在染病的部位形成孢子，随风或雨水飞溅向周围传播蔓延

157

茶饼病

类别

由真菌引起的传染性病害

嫩叶像年糕一样变厚膨胀形成"菌瘤"，显著地影响美观。

为害进一步发展时，菌瘤被白色霉层覆盖，不久变为褐色干枯。由菌瘤产生的孢子随风雨向周围飞散传播蔓延，到新叶上从叶片的气孔处侵入而传染。

受害后的植株虽然不至于枯死，但是随着每年反复地发生，树势逐渐衰弱，花芽减少。

飞散的孢子在芽中以菌丝的状态越夏和越冬，到第 2 年春天随着新芽的展开开始活动，再侵染造成为害。

雨水多、持续阴天、日照不足时易发病。山茶树的叶片发病后可膨胀增厚 5~6 倍，弯曲有光泽，但在日照好的地方有的叶片变成浅红色。

主要的发生时期

山茶类：5~6 月

杜鹃类：5~6 月

8~9 月

为害部位

叶片、蕾

易发生的树种

茶梅、皋月杜鹃、石楠花、茶树、杜鹃、山茶

< 生活史 >

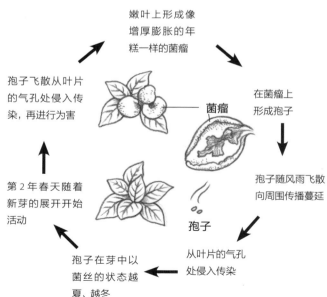

嫩叶上形成像增厚膨胀的年糕一样的菌瘤

在菌瘤上形成孢子

菌瘤

孢子随风雨飞散向周围传播蔓延

从叶片的气孔处侵入传染

孢子

孢子在芽中以菌丝的状态越夏、越冬

第 2 年春天随着新芽的展开开始活动

孢子飞散从叶片的气孔处侵入传染，再进行为害

蚜虫类

类别

吸食植物汁液的害虫

在新芽、叶片、蕾上群生的体长为 1~4 毫米的小虫子，吸食植物的汁液，影响其生长发育。

蚜虫类的体色从浅绿色到暗褐色，各种各样，也有虫体被白色棉状物覆盖的种类。其繁殖力旺盛，特别是春天新梢伸展期发生最为严重。夏天发生轻微。

蚜虫是传播病毒病的媒介，其排泄物（蜜露）还可引诱蚂蚁前来，诱发煤污病。其种类不同，为害症状也有区别。梅花树上的光管舌尾蚜，会因寄生而引起叶片的异常生长，使叶片卷曲；在野茉莉上寄生的猫爪瘿蚜，会形成虫瘿在其中生存。

通常成虫无翅，当生存密度大时就会产生有翅的个体，群生的一部分就迁移到别的场所再进行为害。

主要的发生时期

4~11 月

为害部位

新芽、叶片、茎、蕾、花瓣

易发生的树种

梅花、海棠、光叶石楠、柑橘类、夹竹桃、栀子、铁线莲、麻叶绣线菊、珍珠绣线菊、樱树、紫薇、蔷薇、李、梨、蓝莓、欧洲李、木瓜、桃、苹果、枫树等

< 生活史 >

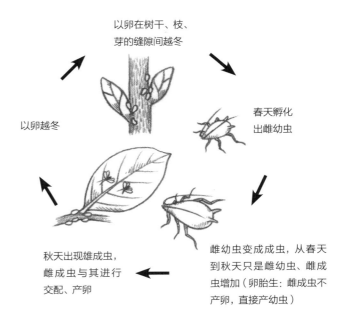

以卵在树干、枝、芽的缝隙间越冬

以卵越冬

春天孵化出雌幼虫

雌幼虫变成成虫，从春天到秋天只是雌幼虫、雌成虫增加（卵胎生：雌成虫不产卵，直接产幼虫）

秋天出现雄成虫，雌成虫与其进行交配、产卵

159

金龟甲类

类别

甲虫的一类，是食害性害虫

成虫从周边飞来，寄生于多种庭院树、果树、蔷薇、结缕草等的花瓣、蕾、叶片，为害得破烂不堪。

金龟甲类将卵产于土中，孵化成乳白色的幼虫取食为害植物的根而生长。冬天以幼虫在土壤中越冬，第2年春天化蛹，初夏时羽化为成虫从土壤中爬出来再进行取食为害。

幼虫为害蔷薇根，夏天修剪后新芽的伸展变差，枝变细，叶片变黄而掉落，浇水时植株摇晃，盆栽的则出现盆土下沉的症状。

成虫喜欢在含有机质多的土壤或砂质土壤中产卵，另外，施用有机质肥料多的地块，也会招引成虫过来。

日本丽金龟或铜绿丽金龟1年发生1代，杂食性，可为害庭院树、果树、蔷薇、蔬菜、草本花卉等。

主要的发生时期

5~9月（成虫）、全年（幼虫）

为害部位

花、叶片（成虫）、根（幼虫）

易发生的树种

绣球花、罗汉松、乌冈栎、梅子、柿子、猕猴桃、夹竹桃、板栗、樱花、紫薇、李、山茶、梨、蔷薇、葡萄、芙蓉、金缕梅等

< 生活史 >

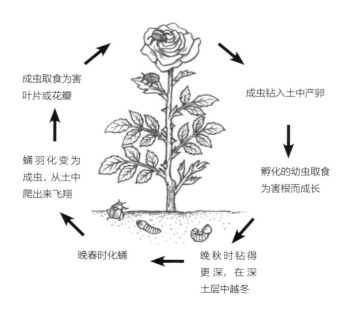

成虫取食为害叶片或花瓣

成虫钻入土中产卵

孵化的幼虫取食为害根而成长

蛹羽化变为成虫，从土中爬出来飞翔

晚春时化蛹

晚秋时钻得更深，在深土层中越冬

毛虫类

类别

食害性害虫

毛虫类像美国白蛾一样，幼虫群生，不仅取食为害叶片，像茶黄毒蛾、纹白毒蛾这些有毒刺毛的毛虫还对人有伤害，舞毒蛾隔几年就大暴发一次，遮挡屋外的生活空间，给正常生活带来不愉快等，诱发各种各样的问题。

该虫在日本1年发生2~3代，成虫于夜间在叶片背面产数百粒卵，孵化的幼虫群生在叶片上取食为害。随着幼虫的成长会分散开为害，所以如果放任不管，整棵树的叶片可被吃光。

幼虫老熟后就化蛹，以后羽化为成虫。化蛹时，有的在用丝黏合卷起的叶片中，有的在树皮的裂缝中，有的在土壤中等。冬天以卵越冬的种类居多。

主要的发生时期

茶黄毒蛾：4月中旬~6月、7月下旬~9月

美国白蛾：6~10月

舞毒蛾：4~6月

为害部位

叶片

易发生的树种

梅花、海棠、槭树类、柳树、柿子、皱皮木瓜、樱花、茶梅、紫薇、山茶、梨、花楸树、刺槐、大花四照花、松树、蔷薇、紫藤、葡萄、蓝莓、椴椤、桃、苹果等

＜ 生活史 ＞

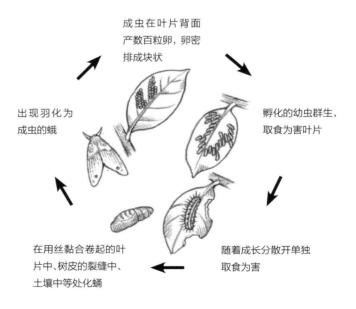

成虫在叶片背面产数百粒卵，卵密排成块状

孵化的幼虫群生，取食为害叶片

出现羽化为成虫的蛾

随着成长分散开单独取食为害

在用丝黏合卷起的叶片中、树皮的裂缝中、土壤中等处化蛹

通称为铁炮虫的乳白色幼虫在树干或枝中取食为害，把粪便和木屑从钻入孔处排出。

寄生于枫树、蔷薇、无花果、柑橘类等树上的白点星天牛的幼虫体长可达 50 毫米以上，因为取食量很大，所以发生严重时枝在生长发育过程中有的折断，有的甚至枯死。成虫也呈环状地刺伤为害新枝，使枝顶端萎蔫。

近年来在日本被指定为外来有害生物，具有很强的繁殖力，使樱桃树、桃树枯死的桃红颈天牛成为大的问题，其分布有逐渐扩大的趋势。

在光叶石楠、海棠上寄生的梨眼天牛，体长 25 毫米左右的幼虫在树干内取食为害，排出纤维状木屑。寄生于松树的松天牛（食松虫）以松木线虫作为媒介，为害松树，导致其枯死。

主要的发生时期

白点星天牛：7 月~第 2 年 4 月（幼虫）、5 月下旬~7 月（成虫）

梨眼天牛：全年（幼虫）、5 月下旬~6 月（成虫）

桃红颈天牛：全年（幼虫）、6 月上旬~8 月下旬（成虫）

松天牛：全年（幼虫）、5~8 月（成虫）

为害部位

树干、枝中（幼虫）、新枝的树皮（成虫）

易发生的树种

白点星天牛：无花果、槭树类、柑橘类、蔷薇、枇杷等

梨眼天牛：海棠、光叶石楠、梨、木瓜、桃、苹果等

桃红颈天牛：梅花、樱花、李、桃等蔷薇科树木

松天牛：红松、黑松、琉球松

< 生活史 >

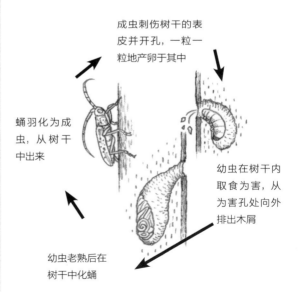

成虫刺伤树干的表皮并开孔，一粒一粒地产卵于其中

蛹羽化为成虫，从树干中出来

幼虫在树干内取食为害，从为害孔处向外排出木屑

幼虫老熟后在树干中化蛹

介壳虫类

类别

吸食植物汁液的害虫

介壳虫类在日本已知的有 400 种左右。

除去像吹绵蚧等能缓慢终生移动的种类外，日本龟蜡蚧等多数介壳虫，雌成虫的足退化，被贝壳状蜡质物覆盖，附着在枝上吸食汁液，在同一地方度过一生。

发生量大时枝干枯，附着在叶片上的排泄物（蜜露）引诱蚂蚁前来，还诱发煤污病，使树势衰弱。在贝壳中刚孵化的黄白色的幼虫还有足，爬出壳外移动数小时至 1 天，找到寄生场所后就附着在那儿。

虽然有只靠雌成虫繁殖的种类，但是多数种类是有体长为几毫米的微小雄虫。

雄成虫有翅，交尾后 2~3 天就结束其一生。而以雌成虫或幼虫越冬的，寿命大多为 1 年左右。

主要的发生时期

全年

为害部位

树干、枝、叶片

易发生的树种

梅花、槭树类、柿子、光叶石楠、柑橘类、悬钩子、金桂、栀子、月桂树、樱花、樱桃、茶梅、杜鹃、梨、六月雪、蔷薇、冬青卫矛、厚皮香、桃、苹果等

< 生活史 >

※ 以蔷薇白轮蚧为例

羽化成微小的有翅蝇状成虫，交尾后几天就结束生命

贝壳中的雌成虫产卵

雌成虫　卵

在贝壳中孵化的幼虫爬到外面

雄虫：在细长小的茧中化蛹

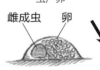

雌虫：在足退化的同时，体表被蜡质物覆盖成为贝壳状

幼虫选中自己喜欢的场所后营固着生活，开始吸食植物汁液进行为害

卷叶蛾类

类别

食害性害虫

属于蛾类的食害性害虫。叶片被丝黏合卷起来，将其打开就会发现里面藏着虫子。

代表性的茶卷叶蛾在日本1年发生3~4代，春天黏合新梢，夏天黏合叶片。长大的幼虫体长可达25毫米，老熟后在叶片中化蛹。以后，羽化的成虫在叶片背面产卵，卵孵化后变成幼虫又进行为害。幼虫行动敏捷、取食量大，如果放任不管，叶片会被为害得破烂不堪。

3月下旬~8月在小叶黄杨上发生的黄杨绢野螟是绿色的幼虫，将枝叶黏合做巢，大量取食为害。5月~10月上旬取食为害厚皮香的厚皮香卷叶蛾是红褐色的幼虫，被黏合的叶片变成茶褐色。

冬天卷叶蛾类多数以幼虫在黏合的叶片中越冬。

主要的发生时期

5~10月

为害部位

叶片

易发生的树种

梅花、海棠、柿子、光叶石楠、柑橘类、猕猴桃、金桂、小叶黄杨、樱桃、茶梅、杜鹃、山茶、梨、蔷薇、柊树、葡萄、蓝莓、冬青卫矛、厚皮香、杨梅、苹果等

＜ 生活史 ＞

成虫在叶片背面产数十粒卵

蛹羽化为成虫

孵化的幼虫从口中吐丝把叶片黏合卷起来，藏在其中取食为害

在黏合卷起来的叶片中化蛹

对于栽培管理树木的人来说，病害和害虫是不可避免的头痛问题。首先是改善栽培环境，培育健壮植株，巧妙地利用各种工具，尽早地发现病害或害虫并进行消灭等，将多种方法综合起来减轻为害是最基本的。而且，根据需要也需使用更快、更有效的药剂消灭病害、害虫。

使用药剂之前的防治方法

{ 防治病虫害的对策是从选苗开始 }

选择健康的苗木

查看苗木的生长发育状态，选择健康的苗木，可培育抵御病害、害虫能力强的植株。以果树为例，从幼苗选择时开始。

买苗时检查的要点（果树以嫁接苗为例）

营养钵的表面是否凹凸不平（根在土中是否盘旋几圈）

嫁接的部位是否偏移

根上是否有瘤（根癌肿病）

营养钵底下是否有根露出

选择用抗病或耐病性品种培育的嫁接苗

果树、庭院树、蔷薇虽然没有培育出像蔬菜那样多的抗病性品种，但通过品种改良来抵御害虫，有抵御栗瘿蜂在板栗嫩叶上产卵的案例，是很有名的，现在已普及推广，大大地抑制了害虫为害。果树上一般都用嫁接苗，如葡萄为抵御葡萄根瘤蚜、桃树为抵御根结线虫，都会选用抗性强的砧木。对于蔷薇黑星病，也已育成了以下抗性品种。通过选用抗病或耐病性品种可抵御病害，使栽培变得容易。

病害（黑星病、白粉病）不易发生的蔷薇品种

分类	品种
半蔓性蔷薇	莉莎莉莎、莎莉玛、奥克塔维亚·希尔、银喜庆典、优雅女人、诺瓦利斯
灌木蔷薇	阿拉伊布、贝弗莉、夏洛特夫人、娜易斯易吉、克莱尔·奥斯丁、奥古斯塔·路易丝
藤蔓蔷薇	亚斯米娜、弗洛沧蒂娜、罗森多夫秀帕里斯浩普、安吉拉、威廉·莫里斯
微型蔷薇	绿冰、梦中情人、小艺人、爱宝贝、最佳印象、花信使

{ 创造好的栽培环境很重要 }

改善通风环境

一般的植物是湿度大时易发病。这是因为多数病原菌是通过孢子繁殖的，其侵入植物体内时也需要湿度高的条件。

盆栽时适当隔开距离，经常变换场所。在庭院栽植时要留出充足的距离进行定植，并适当地引缚，植物生长过于旺盛时就进行疏枝和修剪。如此，不仅通风环境变好，日照环境也好了。

改善日照条件

日照好，植物就能充分地进行光合作用，植株生长健壮不易发病。相反地，日照差导致光合作用低下，植物中的蛋白质和碳水化合物减少，而氨基酸等可溶性氮的含有率增加，对病害的抵抗力降低，致使植物生长柔弱，非常容易发病。

另外，日照不足，阴天或下雨天连续，湿度增加也利于病原菌的繁殖。

遮雨和防干旱对策

病原菌由于降雨而增加，随风或雨水的飞溅向周围传播蔓延，侵染健康的植物。连续降雨，植物的表面长时间温润，有利于病原菌侵染植物体。另外，由于降大雨植株被浸水或被淹也易促使病害多发。

箱式栽培的果树或蔷薇在下雨多的时期应尽量放在屋檐下等雨淋不着的地方，可抑制病原菌活动，从而减轻发病。害虫中的叶螨类因为有喜欢高温干旱的习性，特别是梅雨季结束以后，在植株基部铺上稻草等并适当进行浇水，经常用软管向叶片背面用力喷雾状水，可抑制叶螨的繁殖。

在合适地块栽植树木

每种植物，各自喜欢的环境有所不同。如果将树栽在了对它生长发育不适宜的环境中，就容易引起生长发育不良，长势弱，抵御病害的能力降低。选择适合植物生长的地块进行栽植是培育健康植物的关键。

特别是土壤酸碱度（pH），由于植物不同，所需的土壤酸碱度也不一样。一般的植株喜欢弱酸性至中性（pH 为 5.5~7.0）的土壤，应在栽植前用石灰等调整后再开始栽培。

主要树种最适的土壤 pH

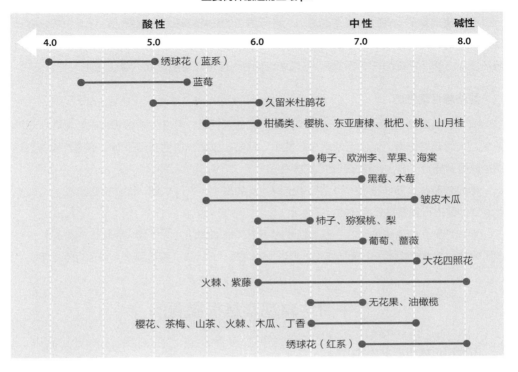

把 10 升土壤的 pH 提高 1 所需要的石灰质材料

土质	镁石灰	熟石灰
砂质多的土壤	8~10 克	6~8 克
黏质多的土壤	10~15 克	8~12 克
火山灰土	20~25 克	12~20 克

注：1. 若为庭院，10升是1米×1米的面积、深度为1厘米的土壤。如果要调整10厘米土壤，就要用上述施用量的10倍。

2. 如果把偏碱性的土壤调到中性或偏酸性，可用泥炭土（pH为4.0左右）掺进去混合均匀。

{ 培育抵御病虫害能力强的健康树 }

改善土壤的排水性

土壤的排水性差、降雨后总是存水的庭院、土壤过湿，立枯病、疫病、霜霉病等土壤病害易发生；土壤中由于缺氧，易发生根腐病。把堆肥或腐殖土等有机物混入然后深耕，制造排水性和透气性好的土壤。在栽植植物前应先进行土壤改良，以改善土壤的排水性。

切实做好栽培管理

要想使植物免受病害和害虫的为害，进行适当的栽培管理是很重要的。在栽植植物时，保持充足的株距。当枝叶过于繁茂时，就适当进行修剪、整枝，把重叠的枝去除，以改善日照环境。由于平时细致的栽培管理，通风条件变好，病害和害虫也就不容易发生。

要注意合理施肥

如果肥料施用过多，茎叶过于繁茂，通风和日照很差，易发生病害和害虫。另外，肥料浓度过大时容易伤根，促使土壤病害的发生。例如，氮肥一次性施用过多，植株长势弱，对病害的抵御能力下降，也易促使害虫的发生。

肥料浓度过大而伤根后，也会促使土壤病害的发生。合理施肥，即在植物需要的时期按照需要的量进行施肥是最关键的。

钾和钙肥，有使植物健壮、提高植物对不良环境抵御能力的作用。也可使用肥料养分缓慢溶解释放的有树脂涂层的缓效性粒状肥料（如庭院拜吉夫路、庭院基肥、蔷薇专用肥等）。

｛ 平时认真观察是很重要的 ｝

不要错过病虫害发生的信号

病害或害虫，一般是在叶片背面等肉眼看不到的场所发生，所以平时就要认真观察，一旦发现它们发生的信号，就及早采取措施。

例1 蚂蚁聚集过来（图①），是因为蚂蚁喜欢蚜虫或介壳虫排出的排泄物"蜜露"（图②）。

例2 柑橘类的果实由于煤污病而变黑，是因为吹绵蚧发生后排出蜜露（排泄物），而招致煤污病病原菌的发生。

例3 杜鹃的叶片变成飞白状，是由于叶片背面寄生了拟梨冠网蝽，吸食叶片汁液所致。

例4 细叶冬青的叶片被丝黏合卷起来，是由于卷起来的叶片中生存着虫子所致。

{ 除掉害虫 }

捕杀

一旦发现害虫，在其数量少、低龄阶段进行捕杀是最基本的。

主要害虫的捕杀方法

蚜虫、卷叶蛾等

在蚜虫发生初期，戴上手套用手指捏死。卷叶蛾的幼虫或蛹，因为在线条的前端，在此处将其捏死。

刺蛾茧

不要用手触碰，可用木槌等敲碎。

介壳虫

介壳虫会附着在树皮上，可用牙刷刷掉或用竹片等刮掉。

毛虫、卷叶虫、蓑虫等

如果在叶背面有卵块或刚孵化的群生幼虫，就连枝一起剪掉进行处理。

把发病部分立即除掉

有霉或变色等受病原菌为害的茎叶或落叶，即使是再喷药也不能挽救过来。如果放置不管，在病叶上的病原菌会继续繁殖向周围传播蔓延，所以一旦发现就立即除掉。感染了花叶病毒（病毒病）的植株已不能治愈，所以干脆连植株拔掉并妥善处理，如果放置不管，可由蚜虫传播到健康的植株上。另外，处理发病植株时用的剪刀和沾到手上的植物汁液还可传染健康植株，所以要在干完正常的农活后再处理发病植株，防止传染。

彻底除草，清洁田园

蚜虫、叶螨等有的种类会广泛寄生在杂草上。杂草或落叶成为病害或害虫的温床，也会成为病害、害虫的越冬场所，所以要及时除草，清洁田园。

以杂草或落叶作为越冬场所的主要害虫

寄生植物名	害虫名	越冬阶段	越冬场所
多种庭院树、果树	木蠹蛾	卵	树下的杂草（艾蒿、虎杖等）
油橄榄	油橄榄象甲	成虫	树下的杂草、植物、稻草、落叶下
油橄榄、齿叶木樨、金桂	小褐伪瓢叶萤	成虫	落叶下
杜鹃	拟梨冠网蝽	成虫	落叶下、叶间

｛ 为了预防病虫害的材料、设备 ｝

稻草、地膜等覆盖护根

在植株的基部铺上稻草、树皮等覆盖的作业叫覆盖护根法。通过覆盖护根可防止土壤干旱，抑制杂草生长，防止降雨或浇水时泥水飞溅，可起到防止疫病或霜霉病等土壤传染性病害病原菌传播的作用。

利用市场上销售的果袋进行套袋（木瓜）。

套袋

苹果、梨、桃、葡萄、枇杷、猕猴桃、木瓜等，在果实上套袋，可把果实和外界隔开，物理性地防止病虫害侵入。例如，可有效预防侵入果实为害的食心虫类，以及梨黑斑病、猕猴桃果实软腐病等多种病虫害。果袋在园艺店、农资店就有销售的，还可防止日灼等，具有能生产出漂亮果实的优点。

在地面以上1米左右的高度处用草席缠树干。

草席缠树干

在松类的树干上缠草席，可诱集赤松毛虫等下树寻求越冬场所的幼虫，这种方法就叫草席缠树干除虫法。在幼虫进入越冬前的 10 月上旬前为树干缠好草席，日本关东地区于 2 月下旬（西日本在 2 月上旬）前后取下来，把藏在树皮裂缝或草席中的幼虫消灭即可。

刮粗皮

为害柿子果实的柿管蓟马，会以成虫在树皮下越冬。冬天时把柿子树干的粗皮刮下来进行处理，可以减少越冬成虫，减轻春天的危害。

柿子树保留粗皮的树干（上图）与刮了粗皮的树干（下图／供图：国武久登）。

粘虫板

粘虫板是利用蚜虫等喜欢黄色、蓟马等喜欢蓝色的特性进行引诱并粘着杀灭的设备。将用颜色引诱、物理性的方法粘住虫的初始日期确定为虫害发生初期，还能减少害虫的生存数量。粘虫板上被很多害虫覆盖时，就需要再换新的粘虫板。

黄色粘虫板。

药剂的基本知识和选择方法

｛ 药剂使用时应注意的要点 ｝

快速简便

若害虫繁殖快、病害蔓延开了，就需要尽快地采取措施，这种情况下农药就会起很大的作用。与其他的防治手段相比，药剂具备简便、快速、命中率高，而且可防治大面积发生的病虫害等优点。

按照使用说明使用是安全的

在日本，农药作为商品流通之前，对病虫害的防治效果试验就不用说了，还要对使用人、自然环境（土壤、水质、鱼等）和植物（在植物上出现的药害和残留量等）等方面进行各种各样的确认试验。把得到的试验结果，经过农林水产省、厚生劳动省、环境省、食品安全委员会评价了安全性之后，才进行生产并准许销售。总之和医药品一样，农药也是要经过这个程序按照法律确保其使用安全性的。使用时，认真阅读标签并按照使用说明操作是安全的。

标签的表示方法

稀释倍数
乳剂等稀释剂用稀释倍数表示。原液的就不用稀释，拿过来就可使用

使用时期
表示能使用到采收前多少天

总使用次数
到采收结束时共使用多少次

防效、药害等的注意问题
记载了防效或对植物的影响，药剂混用时应注意的事项

植物名
在什么植物上可以使用（表示植物以外的不能使用）

适用的病虫害名称
对哪种病虫害有效

使用方法
药剂的使用方法

安全使用方面应注意的问题
记载了对使用人或环境应注意的问题

最终有效年月
超过有效期限的农药不能使用

保管
记载了保管方法

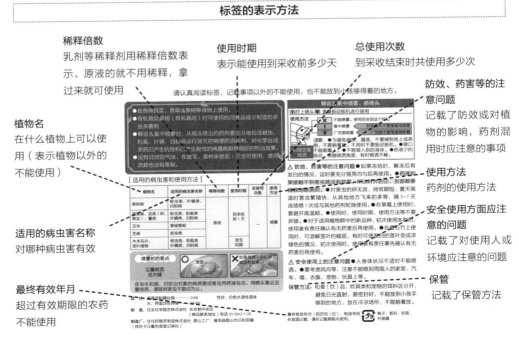

171

{ 选择药剂的基本原则 }

先判断是由害虫还是病害引起的

根据想防除的是害虫还是病害，就可把农药的选择方向分开了。如果想消灭害虫就选择杀虫剂，想防除病害就选用杀菌剂。一般病害的病原菌尽管侵染了植物，但是到发病之前用肉眼看不出来。如果分不清是由害虫引起的还是病害引起的，用杀虫成分和杀菌成分配合的杀虫杀菌剂就比较方便。

喷洒对象

根据农药管理法，对该种植物的病害或害虫有效的才叫作"进行了登记（适用）"，能使用的植物，也规定了使用方法。购买农药时，标签的"植物名"一栏中，必须确认一下是否有自己想防治的植物名称。

选择药剂的剂型

①乳剂、可湿性粉剂、水溶剂

用水稀释的需要提前准备好喷雾器，能一次制作大量的喷雾液，可以对大面积或者多个箱式栽培的植物进行防治，这样是比较经济的。

②喷雾剂

用枪式扳机喷雾瓶可对部分进行定点喷洒。省去稀释的工夫，任何时候都能简便地使用，对于初学者来说也很方便。对于大面积栽培的植物，也可作为应急处理时使用。

拜尼卡拜　　　　拜尼卡 × 乃库斯　　奥特兰颗粒剂
吉夫路乳剂　　　特喷雾剂

③颗粒剂（内吸剂）

撒在植株基部，或者埋在土壤中，其有效成分被根吸收可传导到植株全体，能长期有效，对害虫也有预防效果。土壤湿润时撒施效果好。但对株高高于1米的植物不适合。

是选择天然型药剂还是化学合成药剂

用天然或食品成分的天然型药剂对病虫害没有预防效果或持续效果，如果不细致地、充分地、多次喷洒，就不能完全消灭病虫害。化学合成药剂主要有速效性、持效性。

对果树类全部能使用的药剂

像木莓、黑莓这些少数果树，在日本已经登记的专用药剂很少，因此可选用标签上标明适用植物为"果树类"的农药。但对植物的影响（药害）并没有对所有果树进行确认试验，所以使用者有责任先少量试验，再逐渐进行大面积使用。

药剂使用方法

{ 杀虫剂的使用方法 }

①触杀剂

瓶气雾剂或喷雾剂、乳剂、可湿性粉剂、水溶剂，可直接喷到发生的害虫虫体上，适于想快速消灭害虫的场合。叶片背面或茎也不要遗漏，应细致地向整个植株进行喷洒。

害虫随着虫体的长大，对药剂的敏感性降低，防治效果变差，应尽可能地在其发生初期快速地消灭，尽早地把生存密度降下来，从而减少药剂的喷洒次数。

另外，喷洒适量是叶片的正、反面都着药，药液从叶尖处刚开始向下滴时为宜。要估算时间，喷洒以后确保半天以上不降雨为宜。

具有伸缩功能

树高的场合，选用长喷杆的喷雾器会提高作业效率。

②内吸剂

有效成分被根或叶片吸收，对害虫持续有效可起到预防的效果。对蔷薇或山茶类的害虫防治效果是很突出的，对卷叶中的蚜虫或卷叶虫直接喷洒也有好的防治效果。

对叶片直接喷洒的药剂，有液剂、可湿性粉剂、水溶剂、瓶气雾剂、喷雾剂；撒入土壤中，有效成分可被根吸收的有颗粒剂、液剂。

● **适用药剂的案例**

奥特兰颗粒剂（土壤撒施）：对蔷薇的蚜虫类、蓟马类、金龟甲类幼虫、蔷薇象甲、蔷薇叶蜂等有好的防治效果。

GF 奥特兰液剂（土壤灌注）：对山茶类的茶黄毒蛾、杜鹃类的拟梨冠网蝽、大花四照花的金龟甲类幼虫有好的防治效果。但山茶类、杜鹃类是株高 2 米以下的适合使用。

③树干注入剂

防治钻入树干取食为害的天牛类、木蠹蛾类、透翅蛾类幼虫的药剂，一般易买到的是喷雾剂，用专用的喷头通过钻入孔插进去，向里喷药，一直喷到药液从孔口逆流出来时为止，可将树体内的幼虫有效地消灭。

④树干喷雾剂

为防止树体内油橄榄象甲或苹果透翅蛾为害，用药剂向树干上喷洒。

｛ 杀菌剂的使用方法 ｝

根据杀菌剂的作用、性质，大致可分为预防性药剂和治疗性药剂，但一般的治疗药剂也兼具预防效果。理解了这些药剂的特性之后再使用药剂，就能更有效地防治病害。

预防性药剂

——在发病前（感染前）喷洒进行预防

预测易发生的病害，预先喷洒药剂，覆盖植物体表面，防止病原菌侵入。绝大多数的杀菌剂都具有这种预防效果。

药剂类型有瓶气雾剂、喷雾剂、可湿性粉剂等，直接喷到植物上预防病害。病害和害虫不同，植物是否被病原菌侵染了用肉眼看不出来，即使是被侵染了，因为有潜伏期，到发病时用肉眼也不能确认。若发生确认晚了待蔓延开，即使使用了杀菌剂，防治效果也不好，所以在病原菌侵染前进行喷洒是最理想的。

治疗性药剂

——从发病前到发病初期喷洒

即使在病原菌侵入植物体内繁殖后喷洒，药剂的有效成分也能渗透到植物体内，并且能移动，对植物组织内部的病原菌起杀菌的效果。

在庭院中只有一部分植株发病时，应将未发病的植株一起细致地喷洒，作为预防性药剂效果也很好。

为提高防治效果，尽早地喷洒是很重要的。药剂类型有瓶气雾剂、喷雾剂、乳剂或可湿性粉剂等，对植物直接喷洒可预防、治疗病害。

涂抹剂

在杀菌剂中也有在整枝、修剪时涂抹在切口或伤口以促进愈合的涂抹（膏）剂。

甲基托布津涂抹（膏）剂，所有果树都能使用，在防治板栗疫病或樱树丛枝病时也可使用。其有效成分对病害有预防、治疗效果。

甲基托布津涂抹剂

{ 对药剂耐性菌的对策 }

药剂耐性出现的机理

在防治病害时如果连续使用同一种杀菌剂，防治效果就会降低。平时喷洒药剂后，这种杀菌剂未杀死的突然变异病原菌（耐性菌）会少量出现。如果连续使用同一类（作用机理相同）杀菌剂，具有耐性的病原菌未被杀死，并且逐渐繁殖，最终只剩下未被这种杀菌剂杀死的病原菌（药剂耐性菌），最终导致药剂不起作用了。

蔷薇上建议交替用药

为防止产生耐药性的有效对策就是交替用药，即每次喷药时都选用种类（作用机理）不同的药剂，对出现的耐性菌则用不同作用机理的药剂进行防除，使耐性菌不再增加。这种方法对防治蔷薇黑星病等非常有效，在庭院树或果树上也可使用。

交替用药首先从选择不同种类的杀菌剂开始做起。可以"主要家庭园艺用杀菌剂的种类和作用机理"的表为依据选择适合的药剂，但请不要忘记了确认这种药剂是否能在想喷洒的植物上使用（是否已登记）。

主要家庭园艺用杀菌剂的种类和作用机理

商品名	杀菌剂的种类	作用机理	预防	治疗	蔷薇上的登记
洒普劳路乳剂	EBI 剂	阻碍病原菌细胞膜成分的合成	●	●	●
苯菌灵可湿性粉剂	苯并咪唑类	阻碍病原菌细胞分裂	●	●	●
拜尼卡 × 精佳喷雾剂	苯胺嘧啶类	阻碍病原菌氨基酸或蛋白质的合成	●		●
拜尼卡 × 乃库斯特喷雾剂	QoI 剂	阻碍病原菌的呼吸	●		●
百菌清	有机氯类	抑制病原菌的酶活性	●		●
施钾绿	碳酸氢钾	打破细胞离子平衡，引起病原菌细胞机能障碍		●	●
代森锰	二硫代氨基甲酸酯	抑制病原菌的酶活性	●		●

注：更详细的信息请查看住友化学园艺产品的网址（http: // www.sc-engei.co.jp/）。

蔷薇交替用药的案例（防治黑星病、白粉病）

① 耐病性强的品种：每隔 14 天喷洒 1 次。

顺序号	杀菌剂的种类	效果	作用机理	药剂
1	苯胺嘧啶类	预防	阻碍病原菌的氨基酸或蛋白质合成	拜尼卡 × 精佳喷雾剂
2	EBI 剂（麦角甾醇生物合成抑制剂）	预防、治疗	阻碍病原菌细胞成分的合成	蔷薇杀菌喷雾剂、洒普劳路乳剂

② 对病害有一定耐性的品种：每隔 10 天喷洒 1 次。

顺序号	杀菌剂的种类	效果	作用机理	药剂
3	有机氯	预防	抑制病原菌的酶活性	百菌清
4	苯并咪唑类	预防、治疗	阻碍病原菌细胞分裂	苯菌灵可湿性粉剂

注：顺序号 1、2 和上面的①表相同。

③ 易感病的、药剂喷洒时必须细致的品种：每隔 7 天喷洒 1 次。

顺序号	杀菌剂的种类	效果	作用机理	药剂
5	有机氯	预防	抑制病原菌的酶活性	克菌丹可湿性粉剂
6	醌外抑制剂	预防、治疗	阻碍病原菌的呼吸	拜尼卡 × 乃库斯特喷雾剂

注：1. 顺序号 1~4 和上面的①②表相同。
　　2. 以上只作为大体标准，应结合植物品种和发生状况，请调整喷洒时期、喷洒间隔天数、喷洒次数。

｛ 药剂稀释和混用的方法（使用喷雾器、喷雾瓶）｝

严格遵守稀释倍数

用水稀释类型的药剂，若使用时比所定的浓度大了植物就易出药害，浓度低了对病害、害虫的防治效果就降低。请严格遵守所定的稀释倍数。

稀释方法为：在所定量的水中加入定量的展着剂（聚氧乙烯醚等），充分搅拌后，再加入计量的药剂，进一步混匀后即可。

展着剂

展着剂，是使喷洒的药液在植物的茎叶和害虫体上易附着、易扩展、难以滚落下来。还有使药剂的有效成分在水中分布得更加均匀的作用。

药剂的混用方法

把可湿性粉剂（或水溶剂或悬浮剂）和乳剂（或液剂）混配后进行使用。

混配的方法，在所定量的水中加入定量的展着剂（聚氧乙烯醚等），再依次加入计量的乳剂（或液剂）、计量的可湿性粉剂（或水溶剂或悬浮剂），边搅拌边加入，直到混合均匀。

注意：① 混配时，请确认用药对象是已经登记的植物。
　　　② 各种药剂能否混用，请事先与制造厂家联系确认好。由于混用可能发生药害，所以请先喷洒植物的 1~2 片叶进行试验，确认无药害后才能使用。

｛ 为了安全地喷洒药剂 ｝

选择适合喷药的天气和时间段

　　要避开中午时的高温，选择无风或风小的天气喷洒，要注意药剂向周围的飞散飘移。喷药前提前和近邻们联系好，喷药时也要考虑到小孩、宠物和通行的人。另外，也可研究选用不飘移飞散的颗粒剂的防治方法。

想办法不让药液沾到身上

　　穿戴好喷药用的口罩、眼镜、手套、帽子、长袖上衣、长裤，尽量地减少皮肤裸露的部分。喷洒面积大时，一不小心就可能吸入药剂或沾到皮肤上，所以要特别注意。

　　喷药时要干净利索，喷雾器喷头的朝向和风向也要充分考虑周全。另外，喷药后 1 天之内不要再到喷药的地块去。

超过有效期限的农药不能使用

　　根据农药管理法规定，已超过有效期限的农药就不能使用了。

　　超过有效期限后，其有效成分或是分解或者浓度降低等，便不能够确保原来应有的质量，有的已失效，有的变性甚至出现药害等，请购买新的药剂。

喷洒药剂时，穿戴好喷药用的口罩、眼镜、手套，尽量减少皮肤裸露的部分。

微风

喷洒药剂时，要背对着上风头边后退边喷洒。因为药液会飘到自己身上，所以不能脸迎着风前进着喷药。

剩下的药剂，应选择空闲的且对周围无影响的场所，挖坑倒入后再埋好。

树木上可使用的主要药剂

在"药剂的基本知识和选择方法"中介绍了各种药剂的特征、使用方法、注意点、能使用的树种及病虫害等，请作为选择药剂的参考。使用药剂防治时，请在看了包装说明并了解了使用方法后再使用。

示例

种 类　杀 虫 剂：防治害虫的药剂
　　　　　杀 菌 剂：抑制病原菌繁殖的药剂
　　　　　杀虫杀菌剂：能同时杀虫和杀菌的药剂

剂 型　药剂的形状（制品类型）

作 用

杀虫剂
- 触　　杀：直接接触害虫的虫体发生作用而消灭害虫
- 内　　吸：使植物吸收有效成分后而消灭害虫
- 胃　　毒：使害虫吃后而消灭害虫
- 诱　　杀：将害虫引诱过来待其吃后而消灭害虫
- 物理防治：包住害虫使其窒息而死
- 阻碍蜕皮：阻碍害虫的蜕皮，控制其成长而消灭害虫

杀菌剂
- 预　　防：防止病原菌的孢子萌发和菌丝侵入植物体内
- 治　　疗：杀死侵入植物体内的病原菌
- 物理防治：包住病原菌，阻止孢子或菌丝的生长发育

杀虫杀菌剂　　同时具有上述杀虫剂和杀菌剂的作用

成 分　对病害和害虫有防治效果的有效成分

> **注 意**　本书中记载的商品和登记的资料更新于 2019 年 1 月，关于药剂的适用情况可能会随着时间推移发生变化，关于药剂的使用请参照第 8 页。

己唑醇悬浮剂

种 类 杀菌剂　　**剂 型** 悬浮剂
作 用 预防、治疗　　**成 分** 己唑醇
制造商 住友化学、日本农药等

特征　对多种由真菌引起的病害有防治效果。可防止病原菌的侵入，是对侵入植物体内的病原菌也有杀灭作用的内吸性杀菌剂，具有预防和治疗效果。

有效果的主要病害： 赤星病、黑星病、白粉病、灰星病、锈病、斑点落叶病、炭疽病。

阿普劳得可湿性粉剂

种 类 杀虫剂　　**剂 型** 可湿性粉剂
作 用 阻碍蜕皮　　**成 分** 扑虱灵
制造商 日本农药

特征　通过阻碍幼虫的蜕皮和抑制孵化而杀灭介壳虫的昆虫抑制剂（IGR），对成虫无效。对粉虱幼虫也有防治效果。

有效果的主要害虫： 介壳虫幼虫、橘粉蚧、烟粉虱、茶跗线螨幼虫

可使用的主要果树等： 梅子、柑橘类、梨、桃、柿子、猕猴桃、李、枇杷、板栗

艾木大发可湿性粉剂

种类 杀菌剂　　**剂型** 可湿性粉剂
作用 预防　　　**成分** 代森锰
制造商 住友化学园艺、产经化学等

特征 对多种病害有预防效果的代表性的保护性杀菌剂。其有效成分可覆盖植物，抑制孢子萌发或菌丝侵入植物体内。对柑橘类的黑点病和柿子的炭疽病也有好的防治效果。

有效果的主要病害： 灰霉病、锈病、黑点病、赤星病、炭疽病、霜霉病、落叶病

可使用的主要果树等： 苹果、柿子、柑橘类

安美速水分散粒剂

种类 杀菌剂　　**剂型** 水分散粒剂
作用 预防　　　**成分** 吲唑磺菌胺
制造商 日产化学

特征 对疫病等土壤病原菌和其他杀菌剂有不同的作用，是使病原菌密度降低的杀菌剂。对十字花科蔬菜根肿病的孢子（游动孢子）有直接杀灭的作用。

有效果的主要病害： 疫病、十字花科蔬菜根肿病、霜霉病、黑根病、根茎尾腐病、粉状疮痂病、根腐病、苗立枯病

可使用的主要果树等： 葡萄、蔷薇、草本花卉

GF 奥特兰 C

种类 杀虫杀菌剂　　**剂型** 喷雾剂
作用 触杀（杀虫），预防、治疗（杀菌）
成分 乙酰甲胺磷·杀螟松·嗪胺灵
制造商 住友化学园艺

特征 是奥特兰、斯米气奥、洒普劳路复配的杀虫杀菌剂，能快速杀灭害虫，内吸性的杀菌成分对病害有好的预防和治疗效果。

有效果的主要病虫害： 蔷薇叶蜂、蚜虫、拟梨冠网蟓、白粉病、黑星病、茶黄毒蛾等

GF 奥特兰液剂

种类 杀虫剂　　**剂型** 液剂
作用 触杀、内吸　　**成分** 乙酰甲胺磷
制造商 住友化学园艺

特征 不仅能直接喷洒害虫，通过触杀而将其消灭，而且能向土壤中灌注，从根部吸收的有效成分向植株体内传导，能有效防治茶黄毒蛾、网蟓等害虫。

有效果的主要害虫： 拟梨冠网蟓、蚜虫、茶黄毒蛾、金龟甲幼虫、大叶黄杨斑蛾、大透翅天蛾

艾克皮特液剂

种类 杀虫杀菌剂　　**剂型** 液剂
作用 物理防治　　　**成分** 还原淀粉糖化物
制造商 协友阿格利

特征 食品成分的杀虫杀菌剂，适合有机农产品栽培。对所有果树在采收前 1 天可使用。因为是封锁害虫的气门而将其杀死，所以不产生抗药性问题。

有效果的主要病虫害： 蚜虫、叶螨、白粉病、粉虱

克菌丹可湿性粉剂

种类 杀菌剂　　**剂型** 可湿性粉剂
作用 预防　　　**成分** 克菌丹
制造商 住友化学园艺、北兴化学等

特征 对真菌引起的多种病害有很好的预防效果的保护性杀菌剂。可抑制病原菌的孢子萌发或阻止病原菌的侵入。对赤星病、缩叶病、黑痘病等有好的防治效果。

有效果的主要病害： 疫病、霜霉病、灰霉病、炭疽病、褐斑病、赤星病、黑痘病、缩叶病、黑星病。

可使用的主要果树等： 梨、葡萄、桃、苹果

奥鲁巧乳剂

种类 杀虫剂　　**剂型** 乳剂
作用 触杀、内吸　　**成分** 乙酰甲胺磷·杀螟松
制造商 住友化学园艺

特征 奥特兰和斯米气奥混配的杀虫剂。由于内吸性的预防效果具有持续性和直接杀虫效果，能防治多种害虫。

有效果的主要害虫： 毛虫、介壳虫、网蟓、蚜虫

奥特兰颗粒剂

种类 杀虫剂　　**剂型** 颗粒剂
作用 内吸　　　**成分** 乙酰甲胺磷·噻虫胺
制造商 住友化学园艺

特征 两种内吸性的药剂成分在植物体内移动，可防治害虫，保护蔷薇。也可防治土壤中的金龟甲幼虫。对蚜虫的持效期可达 1 个月。

有效果的主要害虫： 蚜虫、金龟甲幼虫、蔷薇象甲、蔷薇叶蜂、蓟马

介壳虫喷雾剂（噻虫胺·甲氰菊酯）

种类	杀虫剂	剂型	气雾剂
作用	触杀、内吸	成分	噻虫胺·甲氰菊酯
制造商	住友化学园艺		

特征 防治庭院树、蔷薇介壳虫的专用药剂。向贝壳内的渗透性较好，对越冬成虫也有好的防治效果。持效性好，对喷洒后再孵化的幼虫也能起到防治作用。对成虫、幼虫在 1 年中都可使用。

有效果的主要害虫：介壳虫类等

剞挠得可湿性粉剂

种类	杀菌剂	剂型	可湿性粉剂
作用	预防	成分	有机铜
制造商	agro-kanesho 株式会社		

特征 有很好的预防效果的杀菌剂。具有波尔多液的优点，改良了波尔多液的缺点，是对多种病害有效的广谱杀菌剂。

有效果的主要病害：叶枯病、立枯病、炭疽病、叶腐细菌病、斑点病、落叶病、白粉病、黑星病

氯菊酯

种类	杀虫剂	剂型	喷雾剂
作用	触杀	成分	氯菊酯
制造商	住友化学园艺		

特征 用于防治天牛幼虫的喷雾型杀虫剂，其有效成分具有速效性，有快速控制害虫的效果。用专用的喷头插进钻入孔中喷射即可。

有效果的主要害虫：白点星天牛、小木蛀虫、桑天牛、桃红颈天牛

圣波尔多

种类	杀菌剂	剂型	可湿性粉剂
作用	预防	成分	碱式氯化铜
制造商	住友化学园艺、产经化学等		

特征 天然铜成分，适合有机农产品栽培。适用于细菌或真菌引起的病害，是具有预防效果的保护性杀菌剂，具有抑制孢子萌发和防止菌丝侵入植物体内的效果。

有效果的主要病害：疫病、霜霉病、斑点性细菌病、茶饼病、炭疽病、疮痂病、溃疡病

可使用的主要果树等：柑橘类

家庭园艺用 GF 奥特兰可湿性粉剂

种类	杀虫剂	剂型	可湿性粉剂
作用	触杀、内吸	成分	乙酰甲胺磷
制造商	住友化学园艺、住友化学等		

特征 对食害性害虫和刺吸式害虫都有效且有代表性的内吸性杀虫剂。持效期长，有预防效果，可保护植物免受害虫为害。

有效果的主要害虫：蚜虫、甘蓝夜蛾、柿管蓟马、蓟马

可使用的主要果树等：柿子、无花果、庭院树

杀螟松

种类	杀虫剂	剂型	乳剂
作用	触杀	成分	杀螟松
制造商	住友化学		

特征 对天牛、木蛀虫、苹果透翅蛾等穿孔性害虫有好的防治效果，是渗透性强的特殊制剂，对在树皮下取食为害的幼虫有很好的防治效果。

有效果的主要害虫：苹果透翅蛾、木蛀虫、葡萄虎天牛、天牛

可使用的主要果树等：桃、樱桃、葡萄、油桃、梅子、李、柑橘、夏橙、苹果

95 号机油乳剂

种类	杀虫剂	剂型	乳剂
作用	物理防治	成分	机油
制造商	金王园艺		

特征 用天然成分油制造的适合有机农产品栽培的农药。除对冬天和夏天的介壳虫、刺锈螨、叶螨有防治作用外，对这些害虫的越冬卵也有效。

有效果的主要害虫：介壳虫、矢尖蚧、蚜虫、刺锈螨、叶螨

可使用的主要果树等：柑橘类、落叶果树（梨、苹果、柿子、桃、梅子等）、桑葚

洒普劳路乳剂

种类	杀菌剂	剂型	乳剂
作用	预防、治疗	成分	嗪胺灵
制造商	住友化学园艺		

特征 具有防止病原菌侵入的预防效果和杀死侵入植物体内病原菌的治疗效果，是内吸性杀菌剂。对蔷薇的黑星病、白粉病有好的防治效果。

有效果的主要病害：白粉病、锈病、叶霉病、白锈病、灰星病、黑星病

可使用的主要果树等：桃、柿子、蔷薇

住化斯米帕衣乳剂

种 类	杀虫剂	剂 型	乳剂
作 用	触杀	成 分	杀螟松
制造商	住友化学		

特征 是防治庭院树苹果透翅蛾、茶黄毒蛾、舞毒蛾、天牛等的专用药剂。有防止苹果透翅蛾的成虫产卵、孵化的幼虫侵入为害的效果。

有效果的主要害虫: 苹果透翅蛾、舞毒蛾、茶黄毒蛾、天牛、卷叶蛾、食心虫

斯拉告

种 类	杀蛞蝓剂	剂 型	颗粒剂
作 用	胃毒	成 分	磷酸亚铁水合物
制造商	日本农药		

特征 是对蛞蝓、蜗牛有胃毒作用的天然成分的杀蛞蝓剂。其有效成分对蛞蝓的内脏器官发生作用使其停止取食,因饥饿而死亡。

有效果的主要害虫: 蛞蝓、蜗牛、阿弗利加蜗牛、散大蜗牛

百菌清

种 类	杀菌剂	剂 型	可湿性粉剂
作 用	预防	成 分	百菌清
制造商	住友化学园艺、住友化学等		

特征 其有效成分覆盖在植物表面,可抑制病原菌孢子萌发和防止菌丝侵入植物体内,是有代表性的综合性杀菌剂,可长时期预防,有好的持效性。加入水搅拌后随即成为液状,容易计量。

有效果的主要病害: 疫病、白粉病、炭疽病、锈病、灰霉病、褐斑病、芝麻斑病、黑星病

可使用的主要果树等: 木瓜、桃

艾绿士

种 类	杀虫剂	剂 型	悬浮剂
作 用	触杀、胃毒	成 分	乙基多杀菌素
制造商	住友化学、协友 agri		

特征 对卷叶蛾有持效性,对其卵、幼虫、成虫的各个阶段都有效果。喷洒后能快速地表现出抑制害虫取食的效果,可抑制害虫的进一步为害。液体状容易计量。

有效果的主要害虫: 卷叶蛾、蓟马、粉虱、甘蓝夜蛾、潜叶蝇

斯米气奥乳剂

种 类	杀虫剂	剂 型	乳剂
作 用	触杀	成 分	杀螟松
制造商	住友化学		

特征 是对多种害虫有好的防治效果的杀虫剂。有速效性,对庭院树、果树、蔷薇、花类等植物都可使用。对梨冠网蝽、刺蛾也有好的防治效果。

有效果的主要害虫: 蚜虫、蟥、卷叶蛾、梨冠网蝽、刺蛾、食心虫、粉蚧、蓑蛾

可使用的主要果树等: 梅子、柿子、苹果

杀螟松乳剂

种 类	杀虫剂	剂 型	乳剂
作 用	触杀	成 分	杀螟松
制造商	住友化学		

特征 是对多种害虫防治有效的杀虫剂。由于有速效性,可在庭院树、果树、蔷薇、花类等植物上使用,对金龟甲、天牛也有好的防治效果。

有效果的主要害虫: 蚜虫、网蝽、蟥、甘蓝夜蛾、卷叶蛾、刺蛾

可使用的主要果树等: 梅子、柿子、苹果

赞塔里水分散粒剂

种 类	杀虫剂	剂 型	水分散粒剂
作 用	胃毒	成 分	BT 菌的芽孢及结晶物
制造商	住友化学园艺、住友化学等		

特征 因为是天然成分,所以适合有机农产品栽培。是毛虫、卷叶虫等鳞翅目害虫的专用药剂,因为只对蛾或蝶的幼虫起作用,所以对人畜没有不好的影响。

有效果的主要害虫: 甘蓝夜蛾、毛虫、卷叶蛾

福美双

种 类	杀菌剂	剂 型	可湿性粉剂
作 用	预防	成 分	秋兰姆类
制造商	三井化学 agro		

特征 杀菌广谱,是对病害有预防效果的保护性杀菌剂。可用于桃缩叶病、李袋果病等病害的防治。加入水搅拌后很快溶解成为液状,容易计量。

有效果的主要病害: 缩叶病、灰星病、细菌性穿孔病、黑星病、黑点病、李袋果病、白粉病

代尔芬水分散粒剂

种类	杀虫剂	剂型	水分散粒剂
作用	胃毒	成分	BT菌的芽孢及结晶物
制造商	Agro-Kanesho		

特征 其成分为天然微生物，适合有机农产品栽培，是防治毛虫、刺蛾、卷叶蛾等的专用药剂。因为只对蛾或蝶的幼虫起作用，所以对人畜无不良影响。

有效果的主要害虫： 毛虫、刺蛾、卷叶蛾、尺蠖、甘蓝夜蛾、凤蝶

可使用的主要果树等： 所有果树

家庭园艺用甲基托布津可湿性粉剂

种类	杀菌剂	剂型	可湿性粉剂
作用	预防、治疗	成分	甲基托布津
制造商	住友化学园艺、日本曹达、北兴化学等		

特征 是具有防止病原菌侵入的预防效果和对侵入植物体内的病原菌有杀灭作用的内吸性杀菌剂。药害较少，对葡萄的黑痘病也有好的防治效果。

有效果的主要病害： 炭疽病、菌核病、灰色腐烂病、灰霉病、黑斑病、黑星病、叶枯病、黑痘病

可使用的主要果树等： 桃、樱桃、柑橘类、葡萄、蔷薇

特富灵（氟菌唑）可湿性粉剂

种类	杀菌剂	剂型	可湿性粉剂
作用	预防、治疗	成分	氟菌唑
制造商	石原生物科学、日本曹达等		

特征 是具有预防和治疗效果的杀菌剂，能防止病原菌侵入，杀灭已侵入植物体内的病原菌，为内吸性杀菌剂。

有效果的主要病害： 赤星病、白粉病、锈病、灰星病、黑点病、枝枯病、立枯病、茶饼病、叶枯病

可使用的主要果树等： 苹果、梨、木瓜、椪柠、葡萄、桃、李、樱桃、梅子、无花果

放射性农杆菌

种类	杀菌剂	剂型	微生物菌剂
作用	预防	成分	放射性农杆菌
制造商	日本农药		

特征 是用天然的拮抗微生物培养的对蔷薇和果树根癌肿病的预防药剂。在移栽、定植时把苗的根部在稀释液中浸蘸后再栽植。

有效果的主要病害： 根癌肿病

可使用的主要果树等： 所有果树、蔷薇

丙氟磷乳剂

种类	杀虫剂	剂型	乳剂
作用	触杀、胃毒、内吸	成分	丙氟磷
制造商	产经化学		

特征 是防治庭院树蓑蛾、尺蠖、蚜虫、叶蜂的专用药剂，对鳞翅目害虫有很好的防治效果。因为是高毒药剂，所以保管、运输、使用时要特别注意。

有效果的主要害虫： 蓑蛾、尺蠖、蚜虫、毛虫、叶蜂、甘蓝夜蛾

套阿涝可湿性粉剂

种类	杀虫剂	剂型	可湿性粉剂
作用	胃毒	成分	BT菌产生的结晶毒素
制造商	OAT农业坞等		

特征 是用天然成分制成的防治毛虫的专用药剂。适合有机农产品栽培，只对蛾、蝶的幼虫起作用，对人畜没有什么不良影响。喷洒后害虫立即停止取食。

有效果的主要害虫： 刺蛾、玉米螟、甘蓝夜蛾、青虫、小菜蛾、紫苏野螟、毛虫

甲基托布津涂抹剂

种类	杀菌剂	剂型	涂抹剂
作用	预防、治疗	成分	甲基托布津
制造商	住友化学园艺、日产化学等		

特征 是能防止病原菌从修剪后的切口、病患部刮除后的伤口侵入，防止干枯和促进愈合的膏状杀菌剂。

有效果的主要病害： 促进切口、伤口愈合，防止切口干枯，丛枝病、枯萎病、干腐病、葡萄炭疽病

毒纳特

种类	杀蛞蝓剂	剂型	颗粒剂
作用	引诱杀虫	成分	聚乙醛
制造商	住友化学园艺		

特征 蛞蝓的引诱杀虫剂。用特殊的造粒技术，即使被雨淋了也能有持续1~2周的防治效果。傍晚时撒在植株基部就可快速地表现出杀虫效果。

有效果的主要害虫： 蛞蝓、蜗牛

可使用的主要果树等： 柑橘、草本花卉、观叶植物

乙螨唑悬浮剂

种类 杀螨剂　　**剂型** 悬浮剂
作用 触杀　　　**成分** 乙螨唑
制造商 住友化学园艺、协友 agri 等

特征 对叶螨有好的杀卵效果，阻碍幼若虫的蜕皮，从而杀灭害虫。持效期长，可长时间地抑制害虫繁殖。对植物的药害少。

有效果的主要害虫： 叶螨、神泽氏叶螨、棉红蜘蛛
可使用的主要树木等： 蔷薇、观叶植物、庭院树

巴它酷可湿性粉剂

种类 杀菌剂　　**剂型** 可湿性粉剂
作用 预防、治疗　　**成分** 灭锈胺
制造商 Kumiai 化学工业株式会社

特征 对由锈病菌引起的梨和圆柏的赤星病、由立枯丝核菌引起的苗立枯病和白绢病等病害有好的防治效果。

有效果的主要病害： 赤星病、锈病、白锈病、茶饼病、苗立枯病、白绢病、叶枯病
可使用的主要果树等： 梨、葡萄、圆柏

拜尼卡 R 乳剂

种类 杀虫剂　　**剂型** 乳剂
作用 触杀　　　**成分** 甲氰菊酯
制造商 住友化学园艺

特征 可用于防治蔷薇的各种害虫，有速效性和持效性（对蔷薇象甲持效期可达 1~2 周），对为害花的花蓟马也有好的防治效果。

有效果的主要害虫： 蚜虫、金龟甲成虫、蔷薇象甲、斜纹夜蛾、蓟马、叶螨

拜尼卡 J 喷雾剂

种类 杀虫剂　　**剂型** 液剂
作用 触杀、内吸　　**成分** 噻虫胺·甲氰菊酯
制造商 住友化学园艺

特征 防治庭院树毛虫的专用药剂，具有速效性，持效期可达 7 天（茶黄毒蛾、美国白蛾的低龄幼虫），对喷洒药后孵化的幼虫也有防治效果。

有效果的主要害虫： 毛虫、紫薇毡蚧、刺蛾、叶螨、叶蜂、蚜虫

拜尼卡 X 喷雾剂

种类 杀虫杀菌剂　　**剂型** 液剂
作用 触杀（杀虫），预防、治疗（杀菌）
成分 氯氰菊酯（杀虫）·腈菌唑（杀菌）
制造商 住友化学园艺

特征 击倒性强，能快速防除害虫，对蚜虫有驱避作用，内吸性的杀菌成分对病害有预防和治疗效果。

有效果的主要病虫害： 白粉病、黑星病、芝麻斑病、蚜虫、蔷薇叶蜂、茶黄毒蛾

拜尼卡 S 乳剂

种类 杀虫剂　　**剂型** 乳剂
作用 触杀　　　**成分** 氯菊酯
制造商 住友化学园艺

特征 是对毛虫、潜叶蛾、柿举肢蛾等鳞翅目害虫有很好的防治效果的杀虫剂，也是农户在生产中普遍使用的有效成分，具有速效性和持效性。

有效果的主要害虫： 甘蓝夜蛾、毛虫、柑橘潜叶蛾、柿举肢蛾、食心虫、栗瘿蜂、卷叶蛾、尺蠖
可使用的主要果树等： 柑橘类、梨、桃、柿子、猕猴桃、板栗、无花果、蓝靛果、油桃

拜尼卡 × 乃库斯特喷雾剂

种类 杀虫杀菌剂　　**剂型** 气雾剂
作用 触杀、内吸（杀虫），预防、治疗（杀菌），物理防治（杀虫、杀菌）
成分 噻虫胺·氯菊酯·啶虫丙醚·甲氧基丙烯酸酯类杀菌剂·还原淀粉糖化物
制造商 住友化学园艺

特征 由 5 种成分复配的杀虫杀菌剂，具有速效性和持效性，对烟青虫等老龄幼虫也有好的防治效果。耐雨性也很强。

有效果的主要病虫害： 白粉病、菌核病、黑星病、蚜虫、烟青虫、甘蓝夜蛾、叶蜂、叶螨

拜尼卡 X 乳剂

种类 杀虫杀菌剂　　**剂型** 乳剂
作用 触杀（杀虫），预防、治疗（杀菌）
成分 氯菊酯（杀虫）·腈菌唑（杀菌）
制造商 住友化学园艺

特征 击倒效果好，能快速防治害虫，对蚜虫有驱避作用。内吸性的杀菌成分对病害有预防和治疗效果。

有效果的主要病虫害： 紫薇毡蚧、蚜虫、白粉病、茶黄毒蛾、美国白蛾、白锈病

拜尼卡毛虫喷雾剂

种类	杀虫剂	剂型	气雾剂
作用	触杀、内吸	成分	噻虫胺·甲氰菊酯
制造商	住友化学园艺		

特征 是防治庭院树毛虫的专用药剂，有速效性和2周左右的持效性（美国白蛾低龄至中龄幼虫），喷洒后对孵化的幼虫也有好的防治效果，对长大的老龄茶黄毒蛾也有防治效果。

有效果的主要害虫： 毛虫、大叶黄杨斑蛾、咖啡透翅天蛾、珊瑚树金花虫、蚜虫、拟梨冠网蝽

拜尼卡×精佳喷雾剂

种类	杀虫杀菌剂	剂型	气雾剂
作用	触杀、内吸（杀虫），预防（杀菌）		
成分	噻虫胺（杀虫）·甲氰菊酯（杀虫）·嘧菌胺（杀菌）		
制造商	住友化学园艺		

特征 由2种杀虫成分和1种杀菌成分复配的杀虫杀菌剂，对害虫有速效性和持效性。杀菌成分可渗透到叶片背面，防止病原菌的侵入。

有效果的主要病虫害： 蚜虫、蔷薇象甲、叶螨、白粉病、灰霉病、黑星病、小褐伪瓢叶蚤、叶蜂、金龟甲成虫

拜尼卡拜吉夫路喷雾剂

种类	杀虫剂	剂型	气雾剂
作用	触杀、内吸	成分	噻虫胺
制造商	住友化学园艺		

特征 有内吸性，杀虫效果持效期长（防治蚜虫可达1个月）。对个别药剂已产生抗性的害虫也有好的防治效果。对刺吸式口器的害虫和食害性的害虫都有好的防治效果。

有效果的主要害虫： 蚜虫、油橄榄象甲、柿举肢蛾、柑橘潜叶蛾

可使用的主要果树等： 梅子、油橄榄、柿子、柑橘类、蓝莓

拜尼卡水溶剂

种类	杀虫剂	剂型	水溶剂
作用	触杀、内吸	成分	噻虫胺
制造商	住友化学园艺		

特征 有内吸性，水分解性稳定，杀虫效果持效期长。对毛虫、柿举肢蛾、油橄榄象甲、蟥等害虫有很好的防治效果。

有效果的主要害虫： 蚜虫、毛虫、油橄榄象甲、猕猴桃叶蝉、凤蝶、柿管蓟马、柿举肢蛾、杜鹃网蝽、金龟甲成虫、柑橘潜叶蛾

拜尼卡马鲁到喷雾剂

种类	杀虫杀菌剂	剂型	气雾剂
作用	物理防治	成分	还原淀粉糖化物
制造商	住友化学园艺		

特征 食品成分的杀虫杀菌剂，适合有机农产品栽培。在所有果树上能使用到采收前1天。杀虫机理是封堵害虫的气门而将其杀灭，所以几乎不产生抗药性。

有效果的主要病虫害： 蚜虫、叶螨、粉虱、白粉病

可使用的主要果树等： 所有果树

拜路库特可湿性粉剂

种类	杀菌剂	剂型	可湿性粉剂
作用	预防	成分	双胍辛烷苯基磺酸盐
制造商	日本曹达		

特征 可在病原菌的细胞膜上起作用，阻碍膜机能或脂质的合成，对多种病害有防治作用。用药量少。

有效果的主要病害： 灰斑病、黑星病、灰星病、煤污病、疮痂病、白粉病、灰霉病

可使用的主要果树等： 枇杷

拜尼卡拜吉夫路乳剂

种类	杀虫剂	剂型	乳剂
作用	触杀	成分	氯菊酯
制造商	住友化学园艺		

特征 有速效性，有抑制害虫产卵和阻碍寄生等特异的驱避作用。可广泛使用于庭院树、果树，对刺吸式口器的害虫和食害性害虫都有很好的防治效果。

有效果的主要害虫： 蚜虫、蟥、卷叶蛾、食心虫、柑橘潜叶蛾、栗瘿蜂、柿举肢蛾

拜尼卡松护

种类	杀虫剂	剂型	液剂
作用	触杀、内吸	成分	噻虫胺
制造商	住友化学园艺		

特征 是防治白点星天牛成虫、赤松毛虫等的专用药剂。喷洒药剂后，对白点星天牛有持续2个月的预防效果。

有效果的主要害虫： 白点星天牛成虫、毛虫、珊瑚树金花虫、拟梨冠网蝽

Z 波尔多

种类	杀菌剂	剂型	可湿性粉剂
作用	预防	成分	碱式氯化铜
制造商	日本农药		

特征 天然的铜成分，适合有机农产品栽培。对由细菌和真菌引起的病害有登记，是有预防效果的保护性杀菌剂。有抑制病原菌孢子萌发和防止菌丝侵入植物体内的作用。

有效果的主要病害： 茶饼病、疮痂病、溃疡病、穿孔性细菌病、癌肿病

可使用的主要果树等： 柑橘类、葡萄、杜鹃

亚胺唑乳剂

种类	杀菌剂	剂型	乳剂
作用	预防、治疗	成分	亚胺唑
制造商	北兴化学		

特征 其杀菌成分对病害有预防和治疗效果，并且持效期长，可用于防治瑞香黑点病、金丝桃锈病等。

有效果的主要病害： 锈病、黑点病、黑星病、白粉病、赤星病、褐斑病

毛斯皮兰液剂

种类	杀虫剂	剂型	液剂
作用	触杀、内吸	成分	啶虫脒
制造商	住友化学园艺		

特征 药剂具有内吸性，对柿举肢蛾等侵入植物体内为害的害虫有好的防治效果，并且持效期长，对刺吸性的害虫和食害性害虫等有好的防治效果。

有效果的主要害虫： 柿举肢蛾、蚜虫、茶黄毒蛾、拟梨冠网蜡

甲氰菊酯

种类	杀虫剂	剂型	气雾剂
作用	触杀	成分	甲氰菊酯
制造商	住友化学		

特征 是可防治多种果树天牛幼虫的杀虫剂，其有效成分有速效性，击倒效果好。

有效果的主要害虫： 天牛、小木蛀虫、赤腰透翅蛾、桃红颈天牛

可使用的主要果树等： 无花果、苹果、柑橘类、梨、樱桃、葡萄、桃、梅子、柿子、枇杷、杧果

苯菌灵可湿性粉剂

种类	杀菌剂	剂型	可湿性粉剂
作用	预防、治疗	成分	苯菌灵
制造商	住友化学园艺、住友化学等		

特征 对真菌引起的多种病害有好的防治效果，是具有防止病原菌侵入和对已侵入植物体内的病原菌有杀灭作用的内吸性杀菌剂。也可撒在土壤中预防土壤病害。

有效果的主要病害： 炭疽病、菌核病、白粉病、芝麻斑病、株腐病、灰霉病、疮痂病、灰斑病、黑痘病、黑星病

可使用的主要果树等： 柑橘、枇杷、葡萄、桃、梅子、梨、蔷薇

松绿液剂

种类	杀虫剂	剂型	液剂
作用	触杀、内吸	成分	啶虫脒
制造商	日曹绿株式会社		

特征 是对食害性害虫、刺吸式口器害虫都有效的内吸性杀虫剂。防治效果具有持续性，所以有预防效果，可保护植物免受害虫为害。

有效果的主要害虫： 金龟甲成虫、蚜虫、介壳虫、拟梨冠网蜡、珊瑚树金花虫

家庭园艺用马拉硫磷乳剂

种类	杀虫剂	剂型	乳剂
作用	触杀	成分	马拉硫磷
制造商	住友化学园艺		

特征 对植物很少产生药害，是对多种害虫有良好防治效果的有代表性的杀虫剂，可在果树、蔬菜、花卉等植物上使用。对蝗虫、介壳虫也有好的防治效果。

有效果的主要害虫： 叶螨、蚜虫、介壳虫

可使用的主要果树等： 梅子等

灭螨猛可湿性粉剂

种类	杀虫杀菌剂	剂型	可湿性粉剂
作用	触杀（杀虫），预防、治疗（杀菌）		
成分	喹喔啉系		
制造商	住友化学园艺、Agro-Kanesho 等		

特征 是防治白粉病、叶背白粉病的专用药剂，具有预防和治疗效果，也是对叶螨、粉螨、粉虱等害虫有良好防治效果的杀虫杀菌剂。

有效果的主要病虫害： 白粉病、叶背白粉病、叶螨、茶黄螨、柑橘刺绣螨、粉虱

病虫害类别及药剂对照表

对本书中列举的主要药剂，按照病害和害虫分开，并分别按树木（庭院树）、果树、蔷薇、铁线莲进行介绍。

病害

种类	病害名	树种名	主要药剂
树木（庭院树）	赤星病		己唑醇、巴它酷可湿性粉剂（对中间寄主圆柏进行喷洒）
	白粉病	各种树木	拜尼卡·精佳喷雾剂、灭螨猛可湿性粉剂
	褐斑病		百菌清
	黑点病		亚胺唑乳剂
	芝麻斑病	光叶石楠	拜尼卡×喷雾剂、苯菌灵可湿性粉剂
	锈病		亚胺唑乳剂
	煤污病（防治引起该病的害虫）		拜尼卡×精佳喷雾剂（防治蚜虫、介壳虫）、拜尼卡拜吉夫路乳剂（防治蚜虫）、噻虫胺·甲氰菊酯（防治介壳虫）、奥鲁巧乳剂（防治介壳虫）
	炭疽病		苯菌灵可湿性粉剂
	花叶病毒病（防治其媒介害虫）		拜尼卡×精佳喷雾剂、拜尼卡拜吉夫路乳剂
	松落针病		剀挠得可湿性粉剂
果树	赤星病	梨	克菌丹可湿性粉剂
		木瓜	氟菌唑可湿性粉剂
	白粉病	葡萄	拜尼卡马鲁到喷雾剂、苯菌灵可湿性粉剂
	疮痂病	柑橘类	苯菌灵可湿性粉剂
	黑点病	柑橘类	艾木大发可湿性粉剂
	黑痘病	葡萄	苯菌灵可湿性粉剂、克菌丹可湿性粉剂、甲基托布津可湿性粉剂
	黑星病	桃	苯菌灵可湿性粉剂、百菌清
		梅子	苯菌灵可湿性粉剂
		梨	苯菌灵可湿性粉剂、克菌丹可湿性粉剂
		苹果	苯菌灵可湿性粉剂、克菌丹可湿性粉剂
	灰斑病	枇杷	拜路库特可湿性粉剂、苯菌灵可湿性粉剂
	轮纹病（防治其媒介害虫）	梅子	拜尼卡拜吉夫路喷雾剂、拜尼卡水溶剂（防治蚜虫）
	煤污病（防治其媒介害虫）	柑橘类	95号机油乳剂（防治介壳虫）
	缩叶病	桃	克菌丹可湿性粉剂
	芝麻斑病	木瓜	百菌清
蔷薇、铁线莲	白粉病	蔷薇	拜尼卡×精佳喷雾剂、拜尼卡×乃库斯特喷雾剂、拜尼卡×喷雾剂、洒普劳路乳剂、苯菌灵可湿性粉剂、百菌清
		铁线莲	灭螨猛可湿性粉剂、拜尼卡×精佳喷雾剂
	根癌肿病	蔷薇	放射性农杆菌
	黑星病	蔷薇	洒普劳路乳剂、苯菌灵可湿性粉剂、拜尼卡×精佳喷雾剂、拜尼卡×喷雾剂、拜尼卡×乃库斯特喷雾剂、百菌清
	灰霉病	蔷薇	拜尼卡×精佳喷雾剂
	疫病	蔷薇	安美速水分散粒剂

害虫

种类	害虫名	树种名	主要药剂
树木（庭院树）	茶黄毒蛾	山茶、茶梅	拜尼卡 J 喷雾剂、拜尼卡毛虫喷雾剂、拜尼卡 S 乳剂
	赤松毛虫	松树	拜尼卡 S 乳剂、拜尼卡 J 喷雾剂、拜尼卡毛虫喷雾剂、拜尼卡 × 精佳喷雾剂
	吹绵蚧	所有树木	介壳虫喷雾剂、拜尼卡 × 精佳喷雾剂
	刺蛾	所有树木	套阿涝可湿性粉剂
	大叶黄杨斑蛾	冬青卫矛、西南卫矛、卫矛	拜尼卡S乳剂、拜尼卡毛虫喷雾剂、拜尼卡J喷雾剂、GF奥特兰液剂（冬青卫矛）
	大透翅天蛾	栀子	奥特兰乳剂、拜尼卡毛虫喷雾剂（噻虫胺·甲氰菊酯）
	杜鹃叶蜂	杜鹃	GF 奥特兰 C
	桃红颈天牛	樱花	园艺用氯菊酯、甲氰菊酯
	红蜡蚧	所有树木	介壳虫喷雾剂、奥鲁巧乳剂
	蓟马	所有树木	奥特兰可湿性粉剂
	介壳虫	所有树木	介壳虫喷雾剂（噻虫胺·甲氰菊酯）、拜尼卡 × 精佳喷雾剂
	菊方翅网蝽	马醉木	斯米气奥乳剂
	卷叶蛾	所有树木	艾绿士悬浮剂
	梨冠网蝽	皱皮木瓜、樱花	斯米气奥乳剂
	丽绿刺蛾	所有树木	套阿涝可湿性粉剂
	猫爪瘿蚜	野茉莉	拜尼卡 × 精佳喷雾剂
	美国白蛾	所有树木	拜尼卡 J 喷雾剂、拜尼卡毛虫喷雾剂、拜尼卡 S 乳剂
	棉蓑蛾	所有树木	丙氟磷乳剂
	棉蚜	所有树木	拜尼卡 × 精佳喷雾剂、拜尼卡拜吉夫路乳剂、斯米气奥乳剂
	拟梨冠网蝽	杜鹃	GF 奥特兰液剂、拜尼卡水溶剂、拜尼卡 × 精佳喷雾剂
	苹果透翅蛾	樱花	拜尼卡 × 精佳喷雾剂、拜尼卡拜吉夫路乳剂、斯米气奥乳剂
	槭多态毛蚜	槭树	拜尼卡 × 精佳喷雾剂、拜尼卡拜吉夫路乳剂、斯米气奥乳剂
	日本龟蜡蚧	所有树木	介壳虫喷雾剂、奥鲁巧乳剂
	山茶片盾蚧	山茶、茶梅	介壳虫喷雾剂、奥鲁巧乳剂
	山楂卷叶绵蚜	海棠、山楂	拜尼卡 × 精佳喷雾剂
	石榴刺粉蚧	紫薇	拜尼卡 X 乳剂、介壳虫喷雾剂、奥鲁巧乳剂、拜尼卡 × 精佳喷雾剂
	松天牛	松树	拜尼卡松护（噻虫胺）
	铜绿丽金龟	绣球花	松绿液剂
	卫矛尺蠖	冬青卫矛	拜尼卡 S 乳剂
	蜗牛	所有树木	斯拉告
	舞毒蛾	所有树木	拜尼卡 J 喷雾剂、拜尼卡毛虫喷雾剂、拜尼卡 S 乳剂
	蚜虫	所有树木	拜尼卡 × 精佳喷雾剂、拜尼卡拜吉夫路乳剂
	叶螨	所有树木	乙螨唑悬浮剂
	舟形毛虫	所有树木	拜尼卡 J 喷雾剂、拜尼卡毛虫喷雾剂、拜尼卡 S 乳剂
	竹裂爪螨	竹、小竹	乙螨唑悬浮剂

种类	害虫名	树种名	主要药剂
果树	白点星天牛	柑橘类	氯菊酯
	吹绵蚧	柑橘类	95 号机油乳剂
	刺蛾	柿子	斯米气奥乳剂
		蓝莓	代尔芬水分散粒剂
	凤蝶	柑橘类	拜尼卡水溶剂
	柑橘黑蚜	柑橘类	拜尼卡拜吉夫路喷雾剂、拜尼卡水溶剂
	柑橘潜叶蛾	柑橘类	拜尼卡拜吉夫路喷雾剂、拜尼卡水溶剂、拜尼卡 S 乳剂
	蒿黄卷蛾	梅子	斯米气奥乳剂、赞塔里水分散粒剂
	红蜡蚧	柑橘类	95 号机油乳剂
	黄星桑天牛	无花果	甲氰菊酯
	卷叶蛾	柿子	赞塔里水分散粒剂
		苹果	斯米气奥乳剂、赞塔里水分散粒剂
	梨冠网蝽	梨	斯米气奥乳剂
	桑白蚧	梅子	95 号机油乳剂、马拉硫磷乳剂、阿普劳得可湿性粉剂
	猕猴桃叶蝉	猕猴桃	拜尼卡水溶剂
	苹果透翅蛾	桃	杀螟松乳剂、甲基托布津涂抹剂（促进伤口愈合）
	日本丽金龟	葡萄	拜尼卡水溶剂
	天牛	苹果	甲氰菊酯
	舞毒蛾	蓝莓	拜尼卡拜吉夫路喷雾剂、拜尼卡水溶剂
	蚜虫	所有果树	拜尼卡马鲁到喷雾剂
	蚜虫	梨	拜尼卡马鲁到喷雾剂、拜尼卡水溶剂、拜尼卡拜吉夫路乳剂
	油橄榄象甲	油橄榄	拜尼卡拜吉夫路喷雾剂、拜尼卡拜吉夫路乳剂、拜尼卡水溶剂、毛斯皮兰液剂
	舟形毛虫	木瓜	代尔芬水分散粒剂
		苹果	拜尼卡拜吉夫路喷雾剂、拜尼卡水溶剂
蔷薇、铁线莲	白点星天牛	蔷薇	氯菊酯
	尺蠖	蔷薇	奥特兰可湿性粉剂
	甘蓝夜蛾	蔷薇	奥特兰可湿性粉剂
	蛞蝓	铁线莲	毒纳特
	红条三节叶蜂	蔷薇	拜尼卡 × 精佳喷雾剂、拜尼卡 × 乃库斯特喷雾剂
	花蓟马	蔷薇	拜尼卡 R 乳剂、拜尼卡 × 精佳喷雾剂
	蔷薇白轮蚧	蔷薇	介壳虫喷雾剂
	蔷薇象甲	蔷薇	拜尼卡 × 精佳喷雾剂、拜尼卡 R 乳剂、奥特兰颗粒剂
	日本丽金龟	蔷薇	拜尼卡 × 精佳喷雾剂、拜尼卡 R 乳剂、奥特兰颗粒剂
	蚜虫	蔷薇	拜尼卡 × 精佳喷雾剂、拜尼卡水溶剂、奥特兰颗粒剂
		铁线莲	拜尼卡 × 精佳喷雾剂、拜尼卡水溶剂

索引

害虫名索引（按拼音排序）

药剂名索引（按拼音排序）

病害名索引（按拼音排序）

本书由一般社团法人人家之光协会授权机械工业出版社在中国大陆地区（不包括香港、澳门特别行政区及台湾地区）出版与发行。未经许可之出口，视为违反著作权法，将受法律之制裁。

北京市版权局著作权合同登记 图字：01-2019-6070 号。

编辑协助	矢岛惠理、丰泉多惠子
版面设计	山内迦津子、林圣子（山内浩史设计室）
协助拍摄	草间祐辅、住友化学园艺（株式会社）、木村裕、柴尾学、植松清次、田代畅哉、国武久登、三轮正幸、德岛县、农林水产省横滨植物防疫所、PIXTA
插　图	角 Shin Saku
校　正	Kangari 舍
设　计	Nishi 工艺（株式会社）

图书在版编目（CIP）数据

图解果树、花木病虫害诊断与防治 /（日）草间祐辅著；
赵长民译. — 北京：机械工业出版社，2022.8
ISBN 978-7-111-70976-3

Ⅰ. ①图… Ⅱ. ①草… ②赵… Ⅲ. ①果树 – 病虫害防治 – 图解
②花卉 – 病虫害防治 – 图解 Ⅳ. ①S436-64

中国版本图书馆CIP数据核字（2022）第099106号

机械工业出版社（北京市百万庄大街22号 邮政编码100037）
策划编辑：高　伟 周晓伟 责任编辑：高　伟 周晓伟
责任校对：薄萌钰 王　延 责任印制：张　博
保定市中画美凯印刷有限公司印刷

2022年8月第1版第1次印刷
169mm×230mm · 12印张 · 252千字
标准书号：ISBN 978-7-111-70976-3
定价：68.00元

电话服务　　　　　　　　　　网络服务
客服电话：010-88361066　机 工 官 网：www.cmpbook.com
　　　　　010-88379833　机 工 官 博：weibo.com/cmp1952
　　　　　010-68326294　金 书 网：www.golden-book.com
封底无防伪标均为盗版　机工教育服务网：www.cmpedu.com